DK 677.06:677.02:677.61:687.053

Nestler, Roland, Schlegel, Wolfgang, und *Scholze, Wolfgang*

Vereinzeln von Stoffteilen

Faserforsch. u. Textiltechnik **24** (1973) 5, S. 181—186. 12 Abb., 33 Lit.

Ein Schwerpunkt für die weitere Rationalisierung des Nähablaufs stellt das Vereinzeln zugeschnittener Stoffteile dar. Das selbsttätige Abnehmen der Stoffteile von einem Stapel sowie das Transferieren und das Positionieren von jeweils einem Zuschnitteil verkürzen unproduktive Griffzeiten und schaffen zugleich Grundlagen für einen automatisierten Fertigungsablauf bei der Bekleidungsherstellung. Die von einer Abhebevorrichtung zu erfüllenden Bedingungen werden analysiert und allgemeine Wirkprinzipien der Abhebevorrichtungen unter Berücksichtigung des Einflusses der Material- und Technologieparameter abgeleitet.

DK 677.1./2:677.4:677.862.221:677.862.511.21:547.495.2:547.421

Günther, Iris, de la Torre, Hector, und *Flath, Hans-Joachim*

Untersuchungen zum Kondensationsverlauf bei der Knitterarmausrüstung mit N-Methylolverbindungen

II. Mitt.: Untersuchung der Reaktionsprodukte von Vorkondensaten

Faserforsch. u. Textiltechnik **24** (1973) 5, S. 198—206. 12 Abb., 5 Tab., 13 Lit.

Die Bestimmung der bei der Kondensation von N-Methylolverbindungen (N-Halbacetale) nebeneinander entstehenden charakteristischen Acetalbindungen O,O-Acetal, O,N-Acetal, N,N-Acetal ist mit Schwierigkeiten verbunden, da die verschiedenen Acetalbindungen nur unter spezifischen Bedingungen ein geringes unterschiedliches chemisches Verhalten zeigen. Mit Hilfe der alkalischen Hydrolyse bei Raumtemperatur und 80 °C sowie einer sauren Hydrolyse werden die Acetalbindungen bestimmt. Die Oxydation mit Natriumbromit gestattet qualitative Aussagen über den Kondensationsverlauf.

DK 547.458.81:547.233-145:542.951.1:539.388.8:539.21

Koura, Adel, Schleicher, Harry, und *Philipp, Burkart*

Untersuchungen zur Quellung und Lösung von Cellulose in aminhaltigen Flüssigkeitsgemischen

6. Mitt.: Zur Strukturveränderung von Cellulose durch Amine und Aminlösungen

Faserforsch. u. Textiltechnik **24** (1973) 5, S. 187—194. 7 Tab., 16 Lit.

Es wurde die Strukturveränderung von Cellulose nach der Behandlung mit Aminen und Aminlösungen in Abhängigkeit von Behandlungszeit und -temperatur, Molvolumen der Amine, Aminkonzentration sowie Art des Lösungsmittels untersucht. Die in den verschiedenen Strukturbereichen aufgetretenen Veränderungen wurden durch das Wasserrückhaltevermögen, den level-off-DP, die Dampfsorption und den Gehalt an gebundener Essigsäure nach einer Acetylierung charakterisiert, wobei sich zeigte, daß diese in unterschiedlicher Weise durch die Behandlung verändert werden. Die Strukturveränderungen setzen in den wenig geordneten Bereichen der Cellulose bereits bei milderen Behandlungsbedingungen ein, und der Endwert wird eher erreicht, als in den hochgeordneten Bereichen.

DK 389.6:677.017.2:168.1

Winkler, Friedrich

Standardisierte Begriffe der Textilprüfung und verwandter Gebiete

1. Statische Zugprüfung. Beiblatt F: Systematische und alphabetische Gliederung der Begriffe in französischer Sprache (Teil 2)

Faserforsch. u. Textiltechnik **24** (1973) 5, S. 207—217. 1 Lit.

DK 547.458.81:677.21:677.021.122.22:677.014.78:677.017.635.33:536.628.3

Jemaitaitis, Algirdas, Kolodzeiskis, Vitautas, und *Flath, Hans-Joachim*

Über den Zusammenhang zwischen Struktur und Zersetzungswärme von Cellulose

Faserforsch. u. Textiltechnik **24** (1973) 5, S. 195—190. 3 Abb., 3 Tab., 17 Lit.

Es wird der Einfluß der Vorbehandlung von Cellulose mit NaOH-Lösungen verschiedener Konzentration auf die Zersetzungswärme untersucht. Die gefundenen Daten werden auf die Strukturänderungen des Faserstoffes während der Vorbehandlung zurückgeführt. Es wird gefunden, daß die Zersetzungswärme mit Vergrößerung des amorphen Anteils ansteigt. Daraus werden Schlußfolgerungen über die Abhängigkeit des Zersetzungsmechanismus von dem strukturellen Aufbau der Cellulose gezogen.

Berichtigung

Folgende DK-Zahlen sind zu ändern:

S. 187: DK 547.458.81:547.233—145:542.951.1:539.388.8:539.21

S. 195: DK 547.458.81:677.21:677.021.122.22:677.014.87:677.017.635.33:536.628.3

Die Zeitschrift „Faserforschung und Textiltechnik" erscheint monatlich in Heften zu 48 Textseiten im Format A 4. Der Preis für das Einzelheft beträgt M 15,— (Sonderpreis für DDR M 9,—), für den Vierteljahrbezug M 45,— (Sonderpreis für DDR M 27,—), zuzügl. Bestellgeld. Die Berechnung erfolgt zu Beginn eines Vierteljahrs für 3 Hefte. Bestellungen aus dem Gebiet der Deutschen Demokratischen Republik an ein Postamt, eine Buchhandlung oder den Verlag, aus der Deutschen Bundesrepublik an eine Buchhandlung oder die Auslieferungsstelle Kunst und Wissen, Erich Bieber, 7 Stuttgart 1, Wilhelmstraße 4–6, aus dem Ausland an eine Importbuchhandlung, den Deutschen Buch-Export und -Import GmbH., 701 Leipzig, Postschließfach 276, oder den Akademie-Verlag GmbH., 108 Berlin, Leipziger Str. 3–4 (Fernruf: 220441; Telex-Nr. 0112020; Postscheckkonto 35021) erbeten. Bestellnummer dieses Heftes: 1014/24/5. Alleinige Anzeigenannahme DEWAG-WERBUNG, 1054 Berlin, Wilhelm-Pieck-Str. 49, und alle DEWAG-Betriebe in den Bezirksstädten der DDR. — Bestellungen in der UdSSR nehmen entgegen: Städtische Abteilungen von „SOJUZPECHATJ" bzw. Postämter und Postkontore.

Herausgeber und verantwortlich für den Inhalt: Prof. Dr. Dr. Erich Correns, Institut für Polymerenchemie der Akademie der Wissenschaften der DDR, 153 Teltow-Seehof, Fernruf: Teltow 4831; Prof. Dr.-Ing. habil. Wolfgang Bobeth, Institut für Technologie der Fasern der Akademie der Wissenschaften der DDR, 801 Dresden, Hohe Str. 6, Fernruf: 44721; Prof. Dr.-Ing. Hans Böhringer, 682 Rudolstadt; Prof. Dr. Hermann Klare, Prof. Dr. habil. Burkart Philipp und Dr. habil. Christian Ruscher, Institut für Polymerenchemie der Akademie der Wissenschaften der DDR, 153 Teltow-Seehof, Fernruf: Teltow 4831. Schriftleiter: Joachim Brämer und Dipl.-Chem. Ingeborg Ruscher, 153 Teltow-Seehof, Kantstr. 55. Verlag: Akademie-Verlag GmbH., 108 Berlin, Leipziger Straße 3–4. Satz und Druck: Druckhaus „Maxim Gorki", 74 Altenburg. Veröffentlicht unter der Lizenznummer 1280 des Presseamtes beim Vorsitzenden des Ministerrates der Deutschen Demokratischen Republik.

Faserforschung und Textiltechnik

WISSENSCHAFTLICH-TECHNISCHE ZEITSCHRIFT FÜR DIE CHEMIEFASER- UND TEXTILINDUSTRIE

Band 24 Mai 1973 Heft 5

Vereinzeln von Stoffteilen

Roland Nestler, Wolfgang Schlegel und Wolfgang Scholze

Technische Universität Dresden, Bereich Textiltechnik der Sektion Verarbeitungs- und Verfahrenstechnik

DK 677.06:677.02:677.61:687.053

Ein Schwerpunkt für die weitere Rationalisierung des Nähablaufs stellt das Vereinzeln zugeschnittener Stoffteile dar. Das selbsttätige Abnehmen der Stoffteile von einem Stapel sowie das Transferieren und das Positionieren von jeweils einem Zuschnitteil verkürzen unproduktive Griffzeiten und schaffen zugleich Grundlagen für einen automatisierten Fertigungsablauf bei der Bekleidungsherstellung. Die von einer Abhebevorrichtung zu erfüllenden Bedingungen werden analysiert und allgemeine Wirkprinzipien der Abhebevorrichtungen unter Berücksichtigung des Einflusses der Material- und Technologieparameter abgeleitet.

Сортировка деталей выкройки

Важным фактором для дальнейшей рационализации процесса шитья является сортировка деталей выкройки. Автоматический съем деталей со штапеля, а также транспортировка и раскладка каждой детали снижают расход времени на непроизводительные приемы и одновременно создают предпосылки для автоматизированного производства в швейной промышленности. Проведен анализ требований к съемному устройству и выведены общие принципы работы таких съемных устройств с учетом влияния технологических параметров и свойств материала.

Pick-off Attachment for Ready Cut Cloth Parts

The pick-off of ready cut clothing parts is considered an important step in further rationalization of the sewing process. The automatic pick-off from a pile, transfer and positioning of these parts eliminates unproductive handling and provides a basis for an automatized production process of clothing. The requirements to be met by the pick-off attachement are analysed and the operation principles are established, taking into account the parameters of material and technology.

Einleitung

Auf dem Gebiet der Rationalisierung des Nähprozesses ist besonders in den letzten Jahren eine intensive und erfolgreiche Entwicklung zu verzeichnen. Die Entwicklungen hatten und haben zum Ziel, die Leistungsparameter der Nähmaschine zu verbessern, vor allem aber den Anteil der effektiven Nähdauer am Gesamtnähprozeß zu erhöhen und damit den unproduktiven hohen Anteil an Hilfs- bzw. Nebenzeiten zu verringern. Je nach Art der Industrienähmaschine und der Nähoperation ist der Ausnutzungs- bzw. Wirkungsgrad der Nähmaschine unterschiedlich, jedoch immer sehr gering. Man rechnet nur mit 15 bis 30% der Arbeitszeit für das eigentliche Nähen. Der restliche Zeitanteil von 70 bis 85% entfällt auf vielfältige Hilfsoperationen, bei denen die Nähmaschine stillsteht.

Bei den Nähautomaten ist der Wirkungsgrad günstiger, da das Nähen nach dem Einlegen des Nähgutes sowie einige Hilfsoperationen selbsttätig ablaufen. Die Stillstandszeiten werden vorwiegend nur noch vom Beschicken des Nähautomaten mit Stoffteilen und Zutaten und teilweise vom Abnehmen der fertigen Stoffteile sowie vom Beheben von Fadenbrüchen, vom Austausch von Fadenspulen und vom Auswechseln der Nadeln beeinflußt. Allerdings lassen sich auf den bisher bekannten Nähautomaten nur bestimmte Nähoperationen durchführen. Der Automatisierungsgrad der Nähautomaten liegt für das Ausführen der einen oder anderen Nähoperation zwar recht günstig, aber im Hinblick auf die Vielzahl der für ein Bekleidungserzeugnis erforderlichen Nähvorgänge ist er sehr klein.

Bei den üblichen Industrienähmaschinen und Spezialnähmaschinen, die für sehr verschiedene und mehr oder weniger komplizierte Nähoperationen eingesetzt werden, wurden ebenfalls in den letzten Jahren große Anstrengungen unternommen, durch Mechanisierungsmittel den Nähprozeß effektiver zu gestalten. Viele bisher manuell auszuführende Hilfsarbeiten vor und nach dem Nähen sowie während des Nähens wurden mechanisiert und auf diese Weise der Anteil der Hilfszeiten wesentlich gesenkt. Infolge des Einsatzes von Fadenabschneidevorrichtungen, Fadenüberwachungsvorrichtungen, Verriegelungsautomatiken, verbesserten Spulenauswechselvorrichtungen, Nähfußlüftervorrichtungen, synchronisierten Nähmaschinenmotoren (Stopmotoren), Abstapelvorrichtungen usw. werden nicht nur die unproduktiven Hilfs- und Nebenzeiten wesentlich verringert, sondern auch der Nähablauf für die Bedienungsperson wird sehr vereinfacht. Sie erhält außerdem die Möglichkeit, sich noch besser auf den Nähablauf zu konzentrieren, so daß mit den erwähnten Mechanisierungsmitteln nicht nur die Arbeitsproduktivität gesteigert, sondern auch die Nähqualität beachtlich erhöht wird. Beim Verwenden derartiger Mechanisierungsmittel obliegt der Bedienungsperson vorwiegend nur noch das Beschicken der Nähmaschine, das Führen des Nähgutes, das Beheben von Fadenbrüchen und das Auswechseln von Fadenspulen. Die beiden letzteren Arbeitsvorgänge werden sicherlich auch noch in der nächsten Zeit manuell verrichtet werden. Es ist auch anzunehmen, daß der komplizierte Vorgang der Stofführung bei einem überwiegenden Teil von Nähoperationen wegen der Vielfältigkeit der Nähoperationen und der Flexibilität des Nähgutes auch künftig von der Bedienungsperson ausgeführt wird. Die bisher bekanntgewordenen Ansätze einer automatischen Nähgutführung erstrecken sich nur auf das Ausführen von speziellen und verhältnismäßig wenigen Teiloperationen des Nähprozesses. Wenn es auch viele interessante Varianten der Nähgutführung, wie beispielsweise mittels Schablonen, gibt, so ist die weitere Verbreitung in erster Linie eine ökonomische Frage. Erschwerend kommen die ständigen Veränderungen infolge wechselnder Mode und des Verarbeitens unterschiedlicher und neuer textiler Stoffe hinzu. Dieser häufige Wechsel setzt einer automatischen Nähgutführung in umfassendem Sinne gewisse Grenzen. Nach den gegenwärtigen Erkenntnissen ist die automatische Nähgutführung für das Fertigen von einigen Stapelartikeln, deren Form über einen längeren Zeitraum gleich bleibt, sowie für verhältnismäßig einfache Teilnähoperationen an einem Bekleidungserzeugnis geeignet und wird auch zum Teil in der Praxis mit Erfolg angewandt.

Ein Schwerpunkt für das weitere Mechanisieren und Automatisieren des Nähablaufs bei Nähautomaten bzw. beim Verketten von Nähaggregaten zu Nähfließlinien stellt das Vereinzeln zugeschnittener Stoffteile dar. Das selbsttätige Abnehmen der Stoffteile von einem Stapel sowie das Transferieren und Positionieren von jeweils einem Zuschnittteil verkürzen weitere unproduktive Griffzeiten und schaffen zugleich Grundlagen für einen hochmechanisierten bzw. automatisierten Fertigungsablauf bei der Bekleidungsherstellung.

Im folgenden werden der Vorgang des Vereinzelns von Stoffteilen analysiert und einige interessante Abhebeprinzipien beschrieben mit dem Ziel, allgemeine Gesetzmäßigkeiten für das Entwickeln von Vereinzelvorrichtungen abzuleiten.

1. Betrachtungen über das Vereinzeln von Stoffteilen

Zusammengefaßt sind für das weitere Mechanisieren bzw. Automatisieren des Nähprozesses folgende Arbeitsoperationen von besonderer Bedeutung:

1. Vereinzeln der Stoffteile. Erfassen und Abnehmen der zugeschnittenen Stoffteile von einem Stapel,
2. Transferieren und Positionieren der vereinzelten Stoffteile,
3. Führen und Verbinden der Stoffteile auf der Nähmaschine und
4. Stapeln der vorgefertigten Teile.

Hinzu kommen kleinere Teiloperationen innerhalb der vier aufgeführten, die noch zu berücksichtigen sind. Die folgenden Betrachtungen beziehen sich auf die beiden zuerst genannten Komplexe.

Transferieren der Stoffteile

Unter Transferieren wird das Übertragen eines vom Stapel abgehobenen Stoffteiles zur Nähmaschine verstanden. Der Stoffteil wird entweder der Bedienungsperson übergeben oder sofort unter dem Nähfuß positioniert. Im letzteren Fall wird die Bedienungsperson ausgeschaltet. Das Transferieren der zugeschnittenen Stoffteile erfolgt hauptsächlich mit mechanischen, vereinzelt auch mit pneumatischen Mitteln. Beim mechanischen Transferieren ist vorteilhaft, daß die labilen Stoffteile in einer definierten Lage gehalten werden können. Je nach Arbeitsrhythmus, konstruktiven Gegebenheiten und Automatisierungsgrad ist zu entscheiden, ob die Vorrichtung für das Vereinzeln in modifizierter Form auch für das anschließende Transferieren der Stoffteile mit genutzt werden kann. Im Hinblick auf eine hohe Leistung sollte der Transportweg der Vereinzelvorrichtung möglichst klein gehalten werden, um genügend Zeit für das Abheben der Teile vom Stapel zur Verfügung zu haben. In speziellen Fällen ist zu überprüfen, inwieweit geeignete Speicher dazwischengeschaltet werden können, um einerseits unterschiedliche Zeitanteile auszugleichen und andererseits auch kleinere Störgrößen abzufangen. Unabhängig von der Auslegung erfordert das Verketten und das gegenseitige Abstimmen der Bausteine einen höheren steuerungstechnischen Aufwand.

Positionieren der Stoffteile

Das Positionieren bedeutet das Ablegen der Stoffteile in eine nähgerechte Lage, und zwar entweder vor oder unter dem Nähfuß. Das Positionieren bildet die Ausgangsstellung für das anschließende Führen der Stoffteile beim Nähen. Das automatische Positionieren stellt an die Zuschnitteile in bezug auf Konstanz und Genauigkeit der Abmessungen sehr hohe Forderungen.

Das Ablegen und das Positionieren der Stoffteile kann durch Begrenzen dieser Lage mittels mechanischer Vorrichtungen (z. B. Stoßkanten), Lichtschranken, pneumatischer Schranken oder elektrischer Kontakte erfolgen. Das Ausrichten ist mit Hilfe von mechanischen oder pneumatischen Vorrichtungen, wie Greifer oder Luftströme, möglich. Einige Nähanlagen verfügen bereits über entsprechende Vorrichtungen [1]. Es wurde auch versucht, den Stoffteil nach fotoelektrischem Abtasten mit Stellmotoren in die richtige Lage zu bringen [2]. Auch für das Führen der Stoffteile gibt es bereits mehrere Varianten, beispielsweise Schablonen, die auf vielfältige Weise gesteuert werden können. Eine Übersicht über die Mittel zum Transportieren und Positionieren von Halbfabrikaten hat *Volvenkov* [3] gegeben. Das selbsttätige Transferieren und Positionieren ist auch Gegenstand mehrerer Patente [4 bis 15].

Vereinzeln von Stoffteilen

Unter Vereinzeln versteht man das zeitlich nacheinander erfolgende Abnehmen von jeweils einem zugeschnittenen Stoffteil von einem Stapel.

Um das Vereinzeln der Stoffteile mit hoher Sicherheit durchzuführen, ist zum Abheben des jeweils obersten Stoffteiles (ersten Stoffteils) eines Stapels eine Abhebekraft F_A notwendig, die größer ist als die Haftkraft F_H zwischen den Stoffteilen i und $i + 1$ des Stapels. Es gilt demnach folgende Bedingung:

$$F_A > F_H.$$

Die resultierenden Haftkräfte zwischen den einzelnen Stoffteilen sind je nach Oberflächenbeschaffenheit, angewandtem Legesystem und Schnittkantenqualität der Stoffteile unterschiedlich groß. Es gilt demnach

$$F_{H1} \neq F_{H2} \neq \cdots \neq F_{Hn}.$$

Tritt der Fall ein

$$F_A > F_{Hi} + G_{Hi} > F_{Hi+1} + G_{i+1},$$

wobei G_i die Masse eines zugeschnittenen Stoffteiles ist, die für alle im Stapel vorhandenen Stoffteile als konstant angenommen werden kann, so kommt es zum Erfassen von gleichzeitig zwei oder mehreren Stoffteilen. Das Abheben von nur einem Stoffteil vom Stapel ist nur dann gesichert, wenn die Bedingung

$$F_{Hi} < F_{Hi+1} + G_{i+1}$$

erfüllt ist, d. h., wenn die Haftkraft des obersten Stoffteiles kleiner ist als die des nachfolgenden.

Für den Abhebevorgang ist also nicht allein das exakte Erfassen des Stoffteiles, sondern auch das einwandfreie Lösen des Stoffteiles vom Stapel von entscheidender Bedeutung. Je geringer die Haftkraft zwischen den Stoffteilen ist, um so sicherer lösen sich die einzelnen Stoffteile voneinander.

Die Haftkraft ist eine resultierende Kraft, die sich aus mehreren Komponenten zusammensetzt. Es handelt sich dabei um Komponenten, die an den über der gesamten Stoffteilfläche unterschiedlich verteilten Haftpunkten wirken. Die Haftpunkte stellen in der Regel Reibstellen zwischen zwei aufeinanderliegenden Stoffteilen dar und werden von sich berührenden Fasern, Fäden bzw. von der Struktur des Stoffes gebildet. Faserstoff- und Herstellungsparameter des Stoffes bestimmen Häufigkeit, Größe und Art der Haftpunkte. Beim flächenförmigen Abheben des obersten Stoffteiles vom Stapel stellt die resultierende Haftkraft die Summe der vorhandenen Haftpunktkräfte auf der Wirkfläche dar (Bild 1). Die gesamte Wirkung von F_{Hi} überträgt sich auf den Stoffteil $i + 1$. Beim linienförmigen Abheben (Bild 2) wird der nächstfolgende Stoffteil von den Haftpunktkräften wesentlich geringer beeinflußt. Bei dieser Methode werden die jeweils wirkenden Haftpunktkräfte entlang der Trennlinie nacheinander aufgehoben. Je größer der Abzugswinkel α gewählt wird, um so kleiner wird die Trennlinienbreite b und um so weniger Haftpunkte werden gleichzeitig gelöst. Die einzelnen Haftpunktkräfte des folgenden Stoffteiles werden nach dem Ausbilden einer Trennlinie ebenfalls kleiner (angedeutet in Bild 2 durch gestrichelte Haftpunktlinie), so daß die Wahrscheinlichkeit für das Erfassen mehrerer Stoffteile sehr gering ist.

Je nach Art der Abhebevorrichtung sind die einzelnen Haftpunktkräfte unterschiedlich groß. Ist beispielsweise die wirksame Fläche der Abhebevorrichtung wesentlich kleiner als die Stoffteilfläche, so breitet sich gewissermaßen ein Trennkreis aus, der sich bei Vorhandensein mehrerer Abhebeelemente mit deren Kreisen zu einer anders geformten Trennlinie vereinigt. Der Abzugswinkel ist hierbei verhältnismäßig klein.

Eine weitere Möglichkeit ist das horizontale Abnehmen bzw. Abziehen der Stoffteile; in diesem Fall ist — außer zusätzlichen Beanspruchungen — zu Beginn des Vorganges mit der Wirkung der resultierenden Haftkraft zu rechnen.

Aus den theoretischen Betrachtungen geht zusammenfassend hervor, daß neben dem sicheren Erfassen des jeweils oberen Stoffteiles eines Stapels und einer genügend großen Abhebekraft auch gewisse Forderungen beim Ablösen bzw. Trennen der einzelnen Stoffteile erfüllt werden müssen. Der Abhebevorgang wird begünstigt, wenn

die Wirkfläche des Abhebeelementes klein ist,
sich eine Trennlinie mit verhältnismäßig großem Abzugswinkel herausbildet; dabei soll das Ablösen des Stoffteiles von der Stapelkante aus erfolgen,
die Abhebevorrichtung den nächstfolgenden Stoffteil nicht beeinflußt.

Außer diesen Bedingungen sind für das Lösen bzw. Trennen, d. h. für das Haftvermögen der zugeschnittenen Teile, die Stoffeigenschaften und die Zuschneidetechnik von großer Bedeutung. Die außerordentlich vielfältigen Einflüsse sind abhängig von dem eingesetzten Faserstoff und dessen Weiterverarbeitung zu Fäden und Stoffen; außerdem spielen Veredlung und Konfektionierung eine bedeutende Rolle. Hinzu kommt noch, daß bei bestimmten Stoffen zusätzliche Haftkräfte durch Adhäsionswirkung (elektrostatische Aufladung) hervorgerufen werden können, was sich beim Vereinzeln der Stoffteile besonders nachteilig bemerkbar macht.

Zusätzliche Haftkräfte können auch beim sach- oder auch beim unsachgemäßen Zuschneiden entstehen. In diesem Fall treten besonders an den Schnittkanten große Haftkräfte auf. Infolge des Stanzens oder Schneidens können sich die Randzonen verhaken. Das gegenseitige Verhaken der Stoffteile ist besonders stark, wenn beim Schneiden oder Stanzen mit unscharfen Messern gearbeitet wird. Bei unsachgemäßem Zuschneiden von Stoffen aus Synthesefaserstoffen besteht die Gefahr des Schmelzens der Schnittkanten; die Haftkräfte können dann so groß werden, daß ein Vereinzeln der Stoffteile nicht mehr möglich ist.

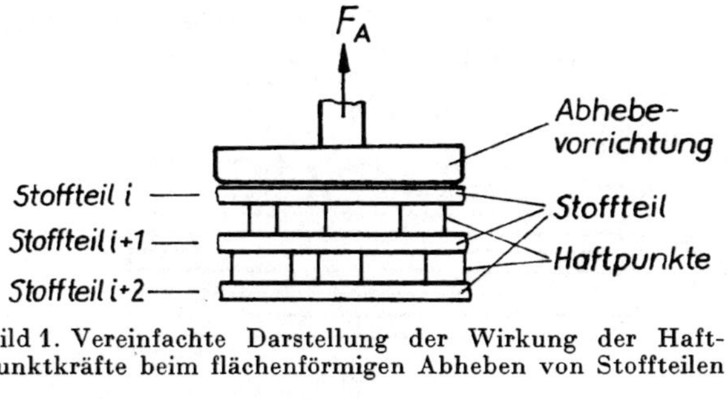

Bild 1. Vereinfachte Darstellung der Wirkung der Haftpunktkräfte beim flächenförmigen Abheben von Stoffteilen

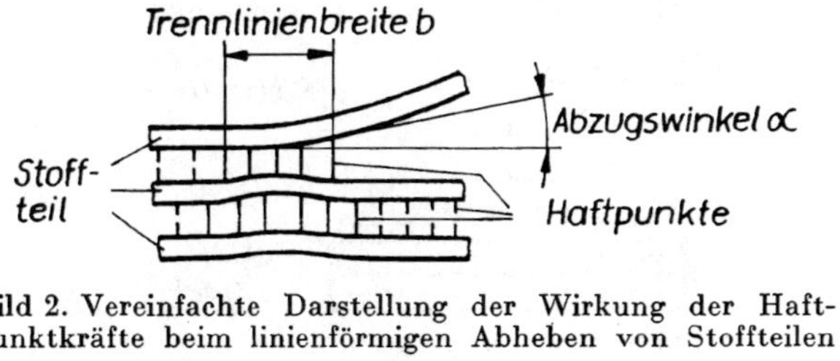

Bild 2. Vereinfachte Darstellung der Wirkung der Haftpunktkräfte beim linienförmigen Abheben von Stoffteilen

2. *Abhebevorrichtungen*

Nachstehend werden ausgewählte Abhebeprinzipien bzw. -vorrichtungen beschrieben. Die Vorrichtungen sind nach dem zugrunde liegenden Wirkprinzip geordnet.

2.1. Abhebevorrichtungen mit mechanischer Wirkung

Die Unterseite der in Bild 3 dargestellten Abhebevorrichtung ist mit zurückstellbaren Haltenadeln versehen, die im Bereich der Spitze eine Einschnürung aufweisen [16]. Das Abheben der Stoffteile beruht auf einer Art Widerhakenwirkung. Die Gefahr des Durchstechens mehrerer Stoffteile besteht besonders bei dünnen Stoffen. Auch eine gewisse Stoffschädigung ist nicht ausgeschlossen.

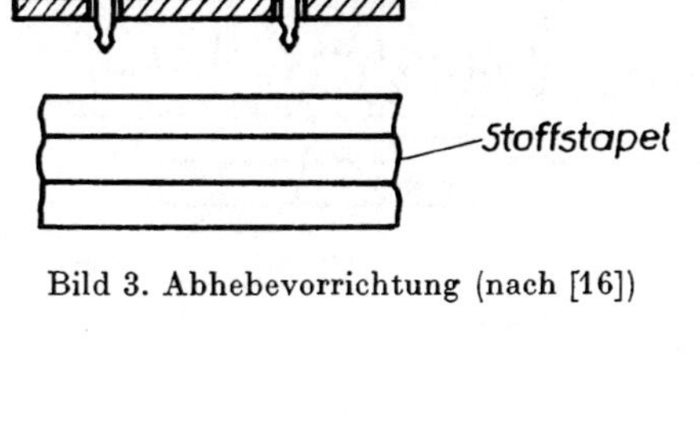

Bild 3. Abhebevorrichtung (nach [16])

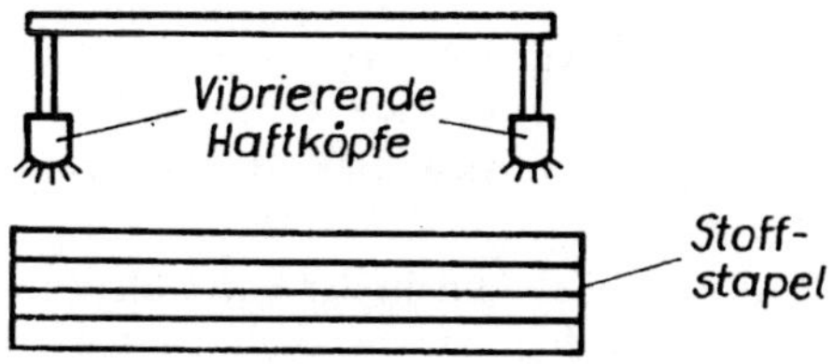

Bild 4. Abhebevorrichtung (nach [17])

Bei einer anderen Vorrichtung (Bild 4) senken sich zwei mit Nadeln bzw. Kratzen besetzte Haftköpfe auf den Stoffteilstapel, stechen dann in den obersten Stoffteil ein und vibrieren bei dessen Abheben [17]. Das Vibrieren soll ein Anhaften weiterer Stoffteile verhindern.

Nach dem in Bild 5 gezeigten Prinzip ist am Ende eines teleskopartig ausfahrbaren Greifers eine in einem Saugrohr verstellbare Nadel angebracht [18]. Der Stoffteil wird mittels Saugluft auf die Nadel gezogen. Je nach herausragender Nadellänge können Stoffteile mit unterschiedlicher Dicke seitlich abgezogen werden. Beim Ablegen des Stoffteiles bewegt sich die Nadel in den Zylinder hinein.

Eine andere Greifervorrichtung (Bild 6) besteht aus mindestens zwei Trägerstücken. An jedem Trägerstück ist ein nadelförmiger Mitnehmer befestigt, dessen Spitze geringfügig über der Unterseite des Trägerstückes hervorsteht [19]. Die Trägerstücke werden mittels eines Spreizantriebes geradlinig gegenläufig bewegt. Zum Abstimmen des Greifers auf die Dicke des Stoffes ist die Länge der herausragenden Nadeln variierbar. Anstelle von zwei Trägerstücken lassen sich auch Kreissegmente verwenden, die radial auseinandergedrückt werden können. Um ein besseres Lösen der Stoffteile voneinander zu gewährleisten, wird die Stapelkante von Niederhaltern belastet.

Bei einer weiteren Abziehvorrichtung [20] werden die aneinanderhaftenden beiden oberen Stoffteile durch Einschieben eines Schiebers getrennt. Eine Abzugs-

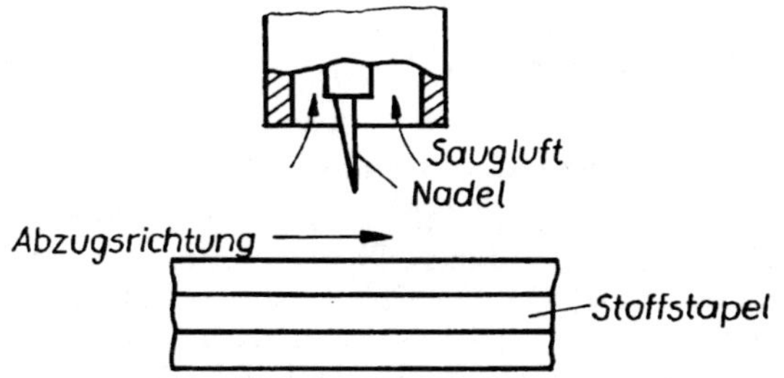

Bild 5. Abhebevorrichtung (nach [18])

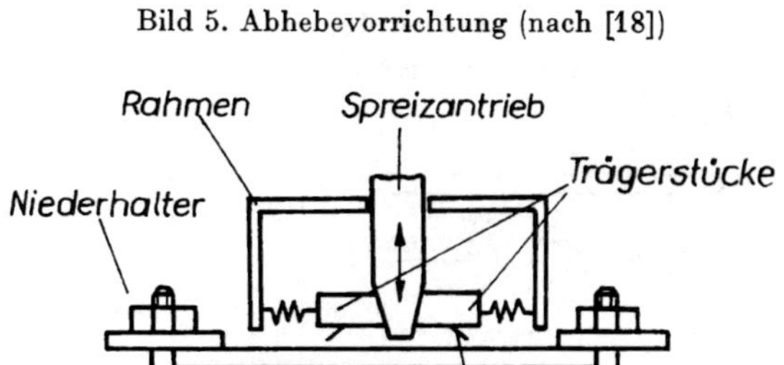

Bild 6. Abhebevorrichtung (nach [19])

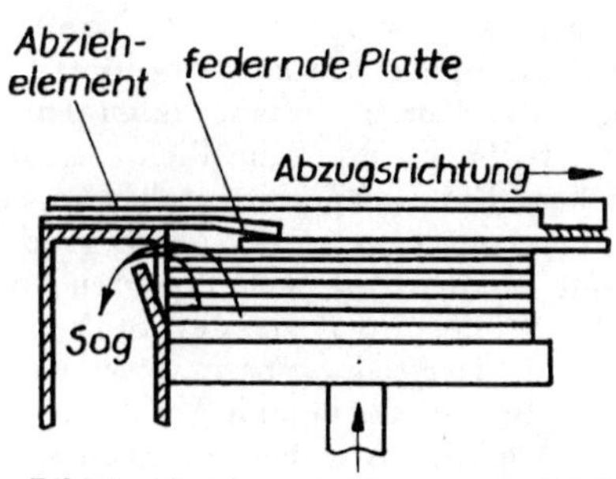

Bild 7. Abziehvorrichtung (nach [21])

rolle mit geeigneten Hafteigenschaften erfaßt den obersten Stoffteil; der Trennschieber hält den darunterliegenden Stoffteil zurück. Der Trennschieber wird nach jedem Abheben um einen einstellbaren konstanten Betrag gesenkt.

Bei der in Bild 7 wiedergegebenen Vorrichtung ist die Abziehvorrichtung stationär und der Stoffstapel beweglich angeordnet [21]. Ein teleskopartig bewegter Arm mit Kratzenbeschlag erfaßt den obersten Stoffteil und schiebt ihn in horizontaler Richtung auf ein Transportband. An der anderen Seite des Stoffstapels befindet sich eine mit Unterdruck arbeitende Rückhaltevorrichtung. Sie wirkt in der Weise, daß die Stapelkante gegen eine federnde Platte gedrückt wird, was das gleichzeitige Herausziehen von mehreren Stoffteilen erschwert.

Nach dem Abstreifprinzip arbeitet auch die in Bild 8 dargestellte Vorrichtung [22]. Mit einem auf dem Stoffstapel aufgesetzten, horizontal beweglichen Reibkörper wird der oberste Stoffteil zusammengeschoben, bis eine Falte entsteht. Ein Druckfuß ermöglicht das Anschieben der Falte. Von einer geeigneten Abhebevorrichtung kann der Stoffteil dann abgehoben werden. Die Klemmplatte dient zum Festhalten der übrigen Stoffteile. Werden mehrere Reibkörper verwendet, so können entsprechend viele Stoffteile in rascher Aufeinanderfolge abgehoben werden.

Eine Faltenbildung und damit ein Ablösen eines Stoffteiles vom Stapel kann auch nach Bild 9 durch

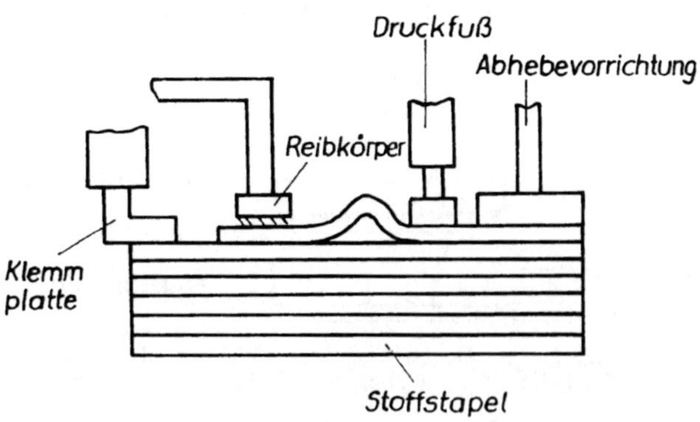

Bild 8. Abhebevorrichtung (nach [22])

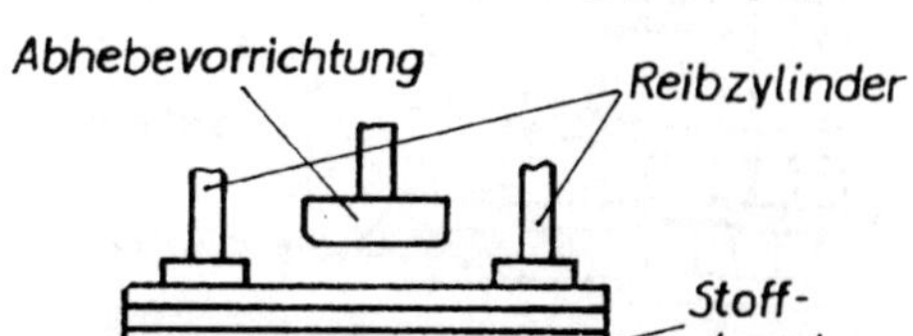

Bild 9. Abhebevorrichtung (nach [23])

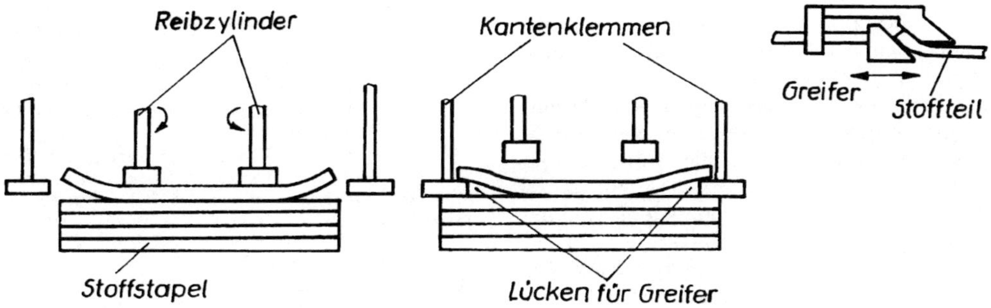

Bild 10. Abhebevorrichtung (nach [24])

Verdrehen erfolgen [23]. Die mit Gummi versehenen Reibzylinder drehen sich gegenläufig mit einem bestimmten Drehwinkel. Die dabei entstehende Falte im Stoffteil wird mittels Saugluft abgehoben.

Auf dem Prinzip des Verdrehens mittels zweier Reibzylinder beruht auch die Vorrichtung nach Bild 10 [24]. Infolge der Torsionsspannung hebt sich die Kante des ersten Stoffteils vom Stoffstapel ab. An diesen Stellen werden Kantenklemmen eingeführt. Beim Abheben der Reibzylinder fällt der Stoffteil zurück. In den entstehenden Lücken zwischen Kantenklemmen und Stoffteilkante wird ein Greifer eingeführt, der Stoffteil erfaßt und angehoben. Von den Kantenklemmen werden die anderen Stoffteile festgehalten, so daß immer nur ein Stoffteil abgehoben wird.

2.2. Abhebevorrichtung mit Adhäsionswirkung

Anstelle des mechanischen Abhebeprinzips wird auch das Abheben mittels Adhäsionswirkung verwendet. Nach Bild 11 wird ein durch eine ausgesparte Platte hervorstehendes Klebeband auf die Oberfläche des Stoffstapels aufgesetzt [25]. Die Adhäsionskraft zwischen Klebeband und Stoffteil bewirkt das Abheben des Stoffteiles. Um die Klebewirkung zu garantieren, wird das Klebeband diskontinuierlich weiterbewegt. Zum Ablegen des Stoffteiles wird die Platte um einen bestimmten Betrag gesenkt, so daß das Klebeband unwirksam wird. Als Haftstoffträger können beispielsweise auch stiftbesetzte Rollen dienen, die mit Klebstoff benetzt werden.

In anderen Vorrichtungen werden zum Verbessern des Abhebens der Stoffteile mittels Klebebands noch

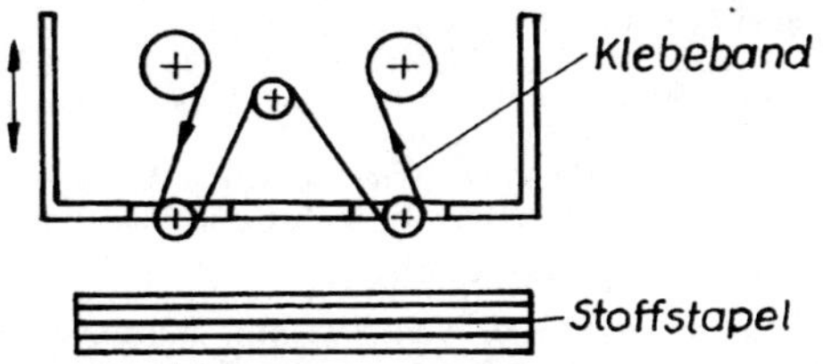

Bild 11. Abhebevorrichtung (nach [25])

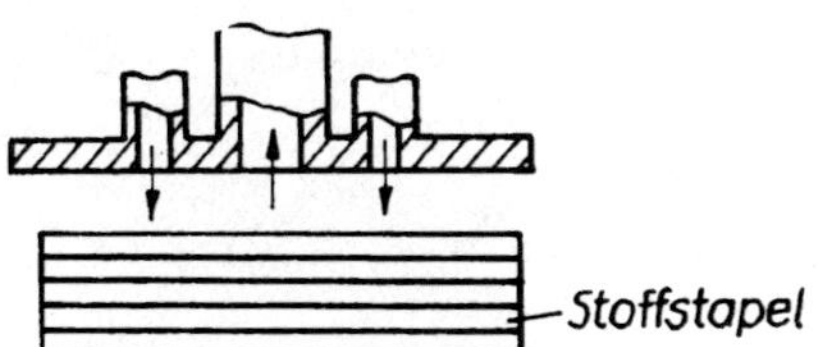

Bild 12. Abhebevorrichtung (nach [33])

zusätzliche Elemente, wie Saugknöpfe, eingesetzt [26, 27, 28]. Außerdem werden zum Erleichtern des Ablösens des obersten Stoffteiles vom Stapel Vibratoren und Blasdüsen verwendet [29].

2.3. Abhebevorrichtungen mit pneumatischer Wirkung

Die Abhebevorrichtungen, die auf dem pneumatischen Prinzip beruhen, werden vor allem beim Verarbeiten von Papier und von Folie benützt. Für textile Teile sind diese Vorrichtungen wegen der Porosität der Stoffe nur begrenzt anwendbar.

Für das Vereinzeln der Stoffteile wird sowohl das Saug- als auch das Blasprinzip angewendet [30, 31, 32]. In der Vorrichtung nach Bild 12 sind beide Prinzipien vereinigt [33]. Eine oder mehrere Blasdüsen sind um einen Sauger gruppiert. Das Blasen führt zu einem leichten Anheben des obersten Stoffteils. Mit zunehmender Entfernung vom Stapel wird das Blasen vermindert und das Saugen verstärkt. Nach dem Abheben erfassen Klemmelemente den Stoffteil.

3. Wirkprinzipien der Abhebevorrichtungen

Bei *mechanischen Vorrichtungen* wird die notwendige Abhebekraft durch Haftreibung oder durch Klemmwirkung zwischen Abhebeelement und Stoffteil erzielt. Das Abheben eines Stoffteils vom Stapel kann dabei nach folgenden Prinzipien geschehen:

1. Horizontal auf der Stapeloberfläche angreifende Kraft. Der Stoffteil wird horizontal abgezogen oder durch Torsion angehoben.
2. Vertikal auf der Stapeloberfläche angreifende Kraft. Das Abhebeelement hebt den obersten Stoffteil in vertikaler Richtung ab.
3. In einem bestimmten Neigungswinkel (zwischen 0 und 90°) angreifende Kraft.

Bei den mit *Adhäsionskraft* wirkenden Vorrichtungen erfolgt das Abheben des Stoffteils durch den Einsatz eines geeigneten Klebebandes, das auf den Stoffstapel aufgedrückt wird. Die Größe der Klebefläche ist abhängig von Größe und Art des abzuhebenden Stoffteiles.

Die *pneumatischen Verfahren* beruhen auf der Anwendung unterschiedlicher Luftdrücke. Vielfältige Anwendungsvarianten für das Saugen und Blasen und deren Kombinationen gibt es besonders bei der Papier- und Folieverarbeitung. Papier und Folie weisen eine geringe bzw. keine Luftdurchlässigkeit auf; sie haben eine glatte Oberfläche und eine genügende Steifigkeit. Diese Faktoren begünstigen den Einsatz des Verfahrens für die genannten Materialien. Das Verwenden des pneumatischen Verfahrens für das Vereinzeln von Stoffteilen ist begrenzt möglich und wird oftmals mit einem anderen Wirkprinzip kombiniert.

Da bei den meisten Abhebeprinzipien die Trenn- bzw. Ablösebedingungen nicht direkt mit berücksichtigt werden können, müssen, um die Anwendungsbreite und Funktionssicherheit zu erhöhen, zusätzlich Trennvorrichtungen eingesetzt werden. Die Trennvorrichtungen haben die Aufgabe, die Haftkraft zwischen dem 1. und 2. Stoffteil zu verringern oder/und auf den 2. Stoffteil entgegengesetzt zur Abhebevorrichtung eine Kraft wirken zu lassen. Diese Aufgabe läßt sich mit mechanischen oder pneumatischen Mitteln lösen.

Je nach Abhebeprinzip spielen die verschiedenen Stoffeigenschaften eine unterschiedlich große Rolle. Beim Einsatz eines pneumatischen Abhebeverfahrens ist beispielsweise eine geringe Luftdurchlässigkeit des Stoffes, also eine im Verhältnis zur Fadenfeinheit große Fadenzahl, von Vorteil. Für mechanische Abhebeprinzipien eignen sich vor allem dicke und dichte Stoffe. Dünne Stoffe sind meist empfindlicher gegen mechanische Schädigungen. Es handelt sich dabei oftmals weniger um eine Fadenschädigung, sondern vielmehr um eine Veränderung des Stoffbildes. Dieses Verhalten wird maßgeblich von Festigkeit und Elastizität bzw. der Neigung zur plastischen Verformung sowie der Bindung der Fäden beeinflußt.

4. Zusammenfassung

Entwicklungen auf dem Gebiet des Rationalisierens des Nähprozesses werden gezeigt. Sehr nachteilig wirkt sich der noch immer geringe Ausnutzungsgrad der Nähmaschine auf die Effektivität des gesamten Nähprozesses aus. Durch Einsatz der gezeigten Mechanisierungsmittel kann der Wirkungsgrad verbessert werden. Ein Schwerpunkt für das weitere Mechanisieren und Automatisieren des Nähablaufes stellt das Vereinzeln zugeschnittener Stoffteile dar. Die dem Vereinzeln zugrunde liegenden Operationen werden eingehend erläutert und die von einer Abhebevorrichtung zu erfüllenden Bedingungen theoretisch betrachtet. Einige bekannte Abhebevorrichtungen werden beschrieben und daraus die allgemeinen Wirkprinzipien abgeleitet. Der Einfluß der Material- und Technologieparameter auf das Vereinzeln der Stoffteile wird unter Berücksichtigung der Wirkprinzipien betrachtet.

Literatur

[1] Bekleidungsfabriken werden um automatische Fertigungsanlagen herumgebaut. Dtsch. Nähmasch.-Ztg. **90** (1969), S. 36.
[2] *Krowatschek, F.:* Möglichkeiten und Grenzen des automatischen Nähens in der Haka. Haka-praxis **1** (1969) 6, S. 342—346.
[3] *Volvenkov, G. V.:* Automatische Vorrichtungen für das Zuführen von Halbfabrikaten zur Nähmaschine. Nauč.-issled. Tr. Vses. tekstil'n. Mašinostr. (1969) 17, S. 25—32.
[4] GM 1961860: Näheinrichtung. Kl. 52a 61—20.
[5] DTO 1906819 (USA): Ausrichttisch für automatisch arbeitende Nähmaschinen. Kl. 52a 61-20.
[6] GM 1983903: Nähstation mit einem Förderband. Kl. 52a 61-20.
[7] DTO 1660869 (USA): Automatisch arbeitende Anlage zum Ausführen von Näharbeiten. Kl. 52a 61-20.
[8] DTO 2041006: Automatisch arbeitende Nähvorrichtung. Kl. 52a 61-20.
[9] DTO 1610723 (USA): Verfahren und Vorrichtung zum Ausrichten, Transport und Zusammenstellen von Werkstücken aus Textilstoffen oder dgl. Kl. 3d 43-00.
[10] DTO 1931772 (GB): Verfahren und Vorrichtung zur Positionierung von dehnbaren Werkstücken. Kl. 3d 43-00.
[11] DTO 1930726: Verfahren zur Positionierung von instabilen Werkstücken. Kl. 3d 43-00.
[12] DTO 1485277 (BRD): Zuführeinrichtung an Nähanlagen. Kl. 52a 46-02.
[13] DTO 1485361 (USA): Arbeitsstück-Führungsvorrichtung für Nähmaschinen. Kl. 52a 46-02.
[14] DTO 2016034 (GB): Verfahren und Vorrichtung zur automatischen Herstellung von Kleidungsstücken. Kl. 3d 43-00.
[15] DTO 2060438 (FR): Vorrichtung zum Verschieben und Ausrichten von Stoffteilen. Kl. 3d 43-00.
[16] DTP 1136561 (BRD): Einrichtung bei Nähanlagen zum Zuführen einzelner Textilzuschnitte. Kl. 52a 46-02.
[17] DLP 70495 (DDR): Vorrichtung zur Vereinzelung von Zuschnitten an Konfektionsmaschinen. Kl. 52a 46-02.
[18] DLP 85916 (USA): Vorrichtung zum Abnehmen von Stoffstücken von einem an einem Träger verfahrbaren, durch Unterdruck betätigbaren Greifer. Kl. 52a 46-02.
[19] DTO 1951851 (BRD): Vorrichtung zum Umsetzen von Zuschnitten oder dergleichen Formteilen. Kl. 8f 5.
[20] DLP 55214 (DDR): Vorrichtung zum automatischen Abziehen des jeweils obersten Zuschnitteiles von einem Zuschnittstapel. Kl. 52a 46-02.
[21] DLP 68671 (USA): Vorrichtung zum Vereinzeln aufeinandergestapelter Gewebestücke und dergleichen. Kl. 8f 5.
[22] DLP 81636 (USA): Vorrichtung zum Vereinzeln einer bestimmten Anzahl von in einem Stapel übereinanderliegenden Gewebestücken. Kl. 8f 5.
[23] GM 7016336 (USA): Vorrichtung zum Trennen von Textilstücken. Kl. 8f 5.
[24] GM 7020210 (USA): Vorrichtung zum Wegführen einer Textilstofflage von einem Stapel. Kl. 8f 5.
[25] DTP 1135738 (BRD): Einrichtung bei Nähanlagen zum selbsttätigen Zuführen von Zuschnitten aus Textilien. Kl. 52a 46-02.
[26] DTO 1660869 (USA): Automatisch arbeitende Anlage zum Ausführen von Näharbeiten. Kl.52a 61-20.
[27] DTO 1906819 (USA): Ausrichttisch für automatisch arbeitende Nähmaschinen und dergleichen. Kl. 52a 61-20.
[28] DTO 2041006 (USA): Automatisch arbeitende Nähvorrichtung. Kl. 52a 61-20.
[29] DTO 1924381 (BRD): Magazin für Zuschnitte oder dergleichen Formteile aus Textilien. Kl. 3d 43-00.
[30] DLP 72207 (USA): Vorrichtung zum Abheben einzelner Gewebestücke von einem Stapel und zum Auslegen derselben in einer bestimmten Lage. Kl. 52a 46-02.
[31] DTA 1485310 (USA): Einrichtung für Nähmaschinen zur Abnahme von einzelnen textilen Arbeitsstücken von einem Stapel. Kl. 52a 46-02.
[32] DTO 1435069 (USA): Vorrichtung zum Aufnehmen von flächigen Stücken aus einem luftdurchlässigen Stoff. Kl. 8f 5.
[33] DLP 72208 (DDR): Verfahren und Vorrichtung zum vereinzelten Zuführen von porösen, gasdurchlässigen, flexiblen oder nichtflexiblen Flachformgütern, insbesondere Hosentaschenbeuteln. Kl. 52a 46-02.

Eingegangen am 15. Januar 1973

Untersuchungen zur Quellung und Lösung von Cellulose in aminhaltigen Flüssigkeitsgemischen

6. Mitt.: Zur Strukturveränderung von Cellulose durch Amine und Aminlösungen[1])

Adel Koura[2]) *Harry Schleicher und Burkart Philipp*

Akademie der Wissenschaften der DDR, Institut für Polymerenchemie in Teltow-Seehof

DK 547.458.81:677.21:677.021.122.22:677.017.635.33:536.628.3

Es wurde die Strukturveränderung von Cellulose nach der Behandlung mit Aminen und Aminlösungen in Abhängigkeit von Behandlungszeit und -temperatur, Molvolumen der Amine, Aminkonzentration sowie Art des Lösungsmittels untersucht. Die in den verschiedenen Strukturbereichen aufgetretenen Veränderungen wurden durch das Wasserrückhaltevermögen, den level-off-DP, die Dampfsorption und den Gehalt an gebundener Essigsäure nach einer Acetylierung charakterisiert, wobei sich zeigte, daß diese in unterschiedlicher Weise durch die Behandlung verändert werden. Die Strukturveränderungen setzen in den wenig geordneten Bereichen der Cellulose bereits bei milderen Behandlungsbedingungen ein, und der Endwert wird eher erreicht, als in den hochgeordneten Bereichen.

Исследование процессов набухания и растворения целлюлозы в смесях жидкостей, содержащих амины. Сообщ. 6-е: Об изменении структуры целлюлозы под действием аминов и их растворов

Изучено изменение структуры целлюлозы после обработки аминами и их растворами в зависимости от продолжительности и температуры обработки, молярного объема и концентрации аминов, а также от характера растворителя. Наблюдаемые в различных областях структуры изменения охарактеризовывались по способности к удержанию воды, предельной СП, сорбции паров, а также по содержанию связанной уксусной кислоты после ацетилирования. При этом оказалось, что влияние обработки на перечисленные показатели сказывается по разному. Изменения структуры в областях целлюлозы с небольшой упорядоченностью начинаются уже при более мягких условиях и заканчиваются раньше, чем в высокоупорядоченных областях.

Investigations on the Swelling and Dissolution of Cellulose in Amine-containing Solvent Mixtures. 6th Comm.: Structural Changes of Cellulose Caused by Amines and Amine Solutions

The effect of time and temperature of treatment, molar volume and concentration of amines and of the kind of solvent on the structural changes of cellulose treated with amines and amine solutions have been investigated. The changes provoked in different structure regions are described by the values of water retention, level-off DP, vapour sorption and content of bound acetic acid after acetylation. These values were found to change in various ways; in less ordered regions of cellulose the structural changes occur even under mild condition of treatment and the final values are reached earlier than in highly ordered regions.

1. Einleitung

Bei den zahlreichen bisher publizierten Arbeiten zur Wechselwirkung zwischen Cellulose und Aminen lassen sich zwei grundsätzliche Richtungen erkennen, indem einmal Untersuchungen zur Charakterisierung der bei einer solchen Behandlung auftretenden Additionsverbindungen und der damit verbundenen Strukturänderungen der Cellulose vor allem mittels Röntgendiffraktometrie vorgenommen wurden und indem zum anderen geprüft wurde, inwieweit durch eine solche Aminvorbehandlung bei nachfolgenden chemischen Umsetzungen der Cellulose eine Erhöhung der Umsetzungsgeschwindigkeit und des unter bestimmten Bedingungen erzielbaren Umsetzungsgrades erreichbar ist, wobei auch diese Arbeiten z. T. mit Strukturuntersuchungen, vor allem zur Bestimmung der sogenannten „inneren Oberfläche", gekoppelt waren. Bei beiden Arbeitsrichtungen wurden Strukturuntersuchungen sowohl am aminfeuchten Präparat bzw. nach Abdampfen des Amins, als auch nach Auswaschen mit Lösungsmitteln durchgeführt. Da die Ergebnisse der bis 1966 erschienenen Veröffentlichungen und Patente in einer Literaturübersicht von *Warwicker* u. Mitarb. [1] umfassend dargestellt sind, sollen hier nur einige grundlegende Arbeiten kurz erwähnt werden.

Sogenannte „Quellungsverbindungen" der Cellulose mit Aminen wurden zuerst von *Trogus* und *Hess* [2] beschrieben, die solche Additionsprodukte bei der Behandlung von Cellulose mit konzentrierten wäßrigen Lösungen von Hydrazin, Äthylendiamin und Tetramethylendiamin erhielten und in erster Linie mittels Röntgendiffraktometrie charakterisierten. *Creely*, *Segal* und *Loeb* [3] zeigten, daß die Bildung solcher Quellungsverbindungen mit Cellulose charakteristisch für Diamine ist, wenn auch bei höheren Aminen deren Molekülgröße die Entstehung solcher Verbindungen behindert. *Davis*, *Barry*, *Peterson* und *King* [4] stellten Additionsverbindungen mit primären aliphatischen Monoaminen bis zum n-Heptylamin her und fanden bei Röntgenuntersuchungen einen Anstieg der Gitterdimensionen des Reaktionsproduktes mit der Kettenlänge des Amins. Von verschiedenen Autoren wurde beobachtet, daß nach Entfernen des Amins, z. B. durch Auswaschen einer Quellungsverbindung aus Cellulose und einem primären aliphatischen Amin mit Lösungsmitteln, der Ordnungsgrad der Faserstruktur stark verringert ist, d. h. eine sog. „Dekristallisation" eintritt. Zusammenhänge zwischen Dekristallisation und Aminbehandlung sowie Aktivierung der Cellulose für anschließende chemische Umsetzungen wurden in letzter Zeit vor allem von *Klenkova* u. Mitarb. [5] intensiv bearbeitet. Während die meisten Autoren zur Erzielung der genannten Strukturänderungen von reinen Aminen ausgingen, zeigten *Loeb* und *Segal* [6], daß auch wäßrige Aminlösungen die Cellulosestruktur verändern können, wenn die Lösung mindestens 1 mol Amin pro mol H_2O enthält. Mit Ausnahme einer Veröffentlichung von *Paszner* [7], der u. a. ein Gemisch von Monoäthylamin und Morpholin verwendete, und einiger orientierender Versuche von *Schwabe* und *Philipp* [8] zur Umsetzung der Cellulose mit Tetraäthylammoniumhydroxid in Methanol und n-Amylalkohol wurde uns keine Arbeit bekannt, bei der zur Strukturänderung der Cellulose Lö-

[1]) 5. Mitt. s. [11]

[2]) jetzt: National Research Center, Cellulose and Paper Dep., Dokki-Gize, ARE

sungen von Aminen in organischen Lösungsmitteln eingesetzt wurden.

Da eine Reihe organischer Flüssigkeiten die Cellulose stärker zu quellen vermag als Wasser [9] und wir bei der Behandlung von Cellulose mit Lösungen von Monomethylamin in Dimethylsulfoxid eine intensive Quellung bzw. sogar eine Auflösung gefunden hatten [10], prüften wir eine Reihe weiterer Amin/Lösungsmittel-Kombinationen hinsichtlich der an nativen Cellulosepräparaten verursachten Accessibilitätsänderung und Aktivierungswirkung. Ziel der Arbeit war es dabei in erster Linie — entsprechend der Gesamtthematik dieser Veröffentlichungsreihe —, einen weiteren Beitrag zur Klärung und Systematisierung der Strukturänderungen der Cellulose in nichtwäßrigen Medien zu geben, wobei in die Diskussion die Ergebnisse unserer vorangehenden Mitteilung [11] zur Strukturänderung der Cellulose in wäßrigen und nichtwäßrigen Ammoniaklösungen einbezogen werden.

2. *Bemerkungen zur Versuchsmethodik*

Als Cellulosepräparate dienten eine gebeuchte und gebleichte Baumwolle (Cuoxam-DP = 1300) und in einigen Fällen ein heißveredelter Fichten-Sulfitzellstoff (α-Cellulose-Gehalt = 92%, Cuoxam-DP = 655).

Folgende Amine und Lösungsmittel wurden eingesetzt:

Methylamin,	Äthanolamin,
Äthylamin,	Dimethylsulfoxid,
n-Propylamin,	Dimethylformamid,
n-Butylamin,	Formamid,
Äthylendiamin,	Acetonitril,
Äthanolamin,	Morpholin,
Dimethylamin,	Pyridin,
Diäthylamin,	Methanol,
Trimethylamin,	Äthylenglykol.

Die leicht flüchtigen Amine wurden einer Stahlflasche oder Ampulle entnommen und ohne weitere Reinigung unter Kühlung mit den durch Destillation gereinigten Lösungsmitteln vermischt bzw. unverdünnt eingesetzt.

Zur *Behandlung der Cellulose* wurde diese in lufttrockenem, vorher in einer Schlagkreuzmühle in Watte zerkleinertem Zustand mit der 30fachen Menge Amin bzw. Aminlösung bei 0 bzw. 20 °C 1 h, bei einigen Versuchen auch mehrere Tage, stehen gelassen. Im Reaktionsgemisch selbst wurde in einzelnen Fällen der Quellwert der Cellulose in Form des Lösungsmittelrückhaltevermögens („LRV“, vgl. [9]) ermittelt. Vor den weiteren Untersuchungen wurde das Cellulosepräparat mit kaltem Wasser aminfrei gewaschen und anschließend im feuchten Zustand weiter verwendet.

Zur *Charakterisierung der Strukturänderungen* dienten folgende Accessibilitätsmethoden:

- Bestimmung des level-off-DP nach Äthanolyse des Präparats [12],
- Dampfsorptionswert in Desorption bei 20 °C und 65% rel. Feuchte,
- Wasserrückhaltevermögen durch Bestimmung des Schleuderquellwertes [13].

Das Ausmaß der durch die Aminbehandlung erreichten *Aktivierung* wurde durch eine Acetylierung (3 min bei 25 °C mit Acetanhydrid und Perchlorsäure als Katalysator) mit anschließender Bestimmung des unter definierten Reaktionsbedingungen erreichten Acetylgehaltes ermittelt [14].

3. *Versuchsergebnisse*

3.1. *Wechselwirkung der Cellulose mit den einzelnen Komponenten der Gemische*

Obwohl die durch Amine verursachten Strukturänderungen der Cellulose seit langem bekannt sind, fehlt bisher eine systematische Gegenüberstellung der verschiedenen Amine hinsichtlich ihrer strukturverändernden Wirkung unter vergleichbaren Bedingungen. Tabelle 1 soll hierzu einen Beitrag liefern, wobei Ammoniak zum Vergleich mit aufgeführt ist.

Betrachten wir zunächst die durch die Amine verursachten Veränderungen in den hochgeordneten Bereichen der Cellulose, über die der level-off-DP Auskunft gibt, so kann man feststellen, daß Ammoniak, Methylamin und Äthylamin etwa gleich weit in das Cellulosegitter eindringen können, während bei den längerkettigen primären Aminen mit steigender Mole-

Tabelle 1. Strukturkennwerte von Baumwolle nach der Behandlung mit verschiedenen Aminen

Amin	Behandlungszeit h	Behandlungstemperatur °C	LODP	WRV %	Dampfsorption %	Essigsäuregehalt nach 3 min Acetylierung %
ohne Aminbehandlung zum Vergleich	—	—	160	52	6,8	22
Ammoniak	1	—35	85	80	9,5	50
Methylamin	1	—10	92	99	10,3	48
,,	7	—35	80	91	—	—
Äthylamin	1	—10	92	105	9,8	49
,,	7	—35	85	100	—	—
Propylamin	1	20	124	107	9,0	43
,,	72	20	127	(85)	—	—
,,	1	0	131	(85)	—	41
,,	65	0	97	104	—	48
,,	7	—35	96	107	—	—
Butylamin	1	20	156	102	8,4	35
,,	48	0	119	91	—	—
Äthylendiamin	1	20	98	105	9,3	41
Äthanolamin	1	20	160	62	6,9	23
,,	72	20	162	61	—	—
,,	48	0	162	61	—	—
Dimethylamin	1	—10	156	58	—	23
Diäthylamin	1	20	155	55	7,1	24
,,	48	20	160	51	—	24
,,	48	0	165	51	—	26
Trimethylamin	1	0	147	50	—	25

külgröße die mögliche Eindringtiefe in die hochgeordneten Bereiche der Cellulose sich verringert. Neben der Molekülgröße der primären Amine spielen Behandlungstemperatur und -zeit eine wesentliche Rolle für die Strukturveränderung der Cellulose, wobei der Temperatur- und Zeiteinfluß um so stärker in Erscheinung tritt, je längerkettig die Amine sind. Die Amine vermögen den level-off-DP der Cellulose um so stärker zu erniedrigen, je niedriger die Behandlungstemperatur ist. Wir konnten feststellen, daß Butylamin bei 20 °C den LODP der Cellulose nicht zu verändern vermag, während bei tieferer Temperatur ein Eindringen des Butylamins in die geordneten Bereiche der Cellulose erfolgt. Das steht in Übereinstimmung mit röntgenographischen Ergebnissen von *Creely* [15]. Mit niederen sekundären und tertiären Aminen läßt sich auch bei tiefer Temperatur und nach langer Einwirkungszeit keine signifikante Änderung des LODP erzielen. Das gleiche gilt für Äthanolamin.

Wasserdampfsorption und Wasserrückhaltevermögen der Cellulose wurden erwartungsgemäß durch eine Aminbehandlung erhöht, wobei die Werte in Abhängigkeit von der Molekülgröße des zur Behandlung eingesetzten Amins Maxima durchlaufen, was auf die Wirkung von mindestens zwei gegenläufigen Einflüssen hinweist. Innerhalb gewisser Grenzen begünstigt eine Verkleinerung des Molvolumens der Amine ein tieferes Eindringen in das Cellulosegitter, während eine Vergrößerung des Molvolumens bei der Quellung in den weniger geordneten Bereichen der Cellulose eine stärkere Aufweitung des Kapillarnetzwerkes bewirkt. Das Maximum in der Dampfsorption, die ein Maß für die innere und äußere Oberfläche der Cellulose darstellt, wird nach einer Methylaminbehandlung der Cellulose erreicht, was übereinstimmt mit Ergebnissen von *Klenkova* u. Mitarb. [16], die die innere Oberfläche von aminbehandelten Cellulosen durch BET-Messungen bestimmt hatten. Beim WRV-Wert, der in erster Linie vom Porenvolumen der Cellulose abhängig ist und damit auf Veränderungen in den wenig geordneten Bereichen anspricht, wird mit einer Propylaminbehandlung der höchste Wert erreicht. Dementsprechend tritt bei der Behandlung von Cellulose mit Butylamin bei 20°C zwar eine starke Erhöhung des WRV-Wertes, aber noch keine signifikante Veränderung des LODP ein. Auch die untersuchten sekundären Amine und Äthanolamin vermögen den WRV-Wert der Cellulose, jedoch nicht den LODP zu verändern. Es ist daher auch verständlich, daß die Auswirkungen der Aminbehandlungszeit auf den WRV-Wert wesentlich geringer als auf den LODP sind. Aus den vorliegenden Meßwerten kann man ableiten, daß die Aminbehandlungstemperatur auf den WRV-Wert keinen wesentlichen Einfluß hat.

Die Reaktionsfähigkeit der Cellulose bei der Acetylierung ist eine komplexe Einflußgröße, die von den durch Aminbehandlung der Cellulose verursachten Veränderungen sowohl in den wenig geordneten als auch in den hoch geordneten Bereichen beeinflußt wird. Im Vergleich zum LODP, dem WRV-Wert und der Dampfsorption scheint die Reaktionsfähigkeit der Cellulose am besten mit der Dampfsorption zu korrelieren.

Das Lösungsmittelrückhaltevermögen („LRV-Wert", vgl. [9]) ließ sich mit der von uns entwickelten Methodik natürlich nur mit weniger flüchtigen Aminen bestimmen. Tabelle 2 zeigt einige ohne vorheriges Auswaschen ermittelte Daten, zusammen mit den LRV-Werten der zur Herstellung der Aminlösungen verwendeten Lösungsmittel. Die mit dem LRV-Wert erfaßte Lösungsmittelmenge setzt sich im wesentlichen aus zwei Anteilen zusammen, einmal dem Anteil, der in den Kapillaren bzw. in den wenig geordneten Bereichen der Cellulose festgehalten wird, zum anderen dem Anteil, der in die hochgeordneten Bereiche eingedrungen ist und dort gebunden wird. Von den in der Tabelle 2 aufgeführten Substanzen vermögen lediglich die primären Amine unter bestimmten Bedingungen in die kristallinen Bereiche einzudringen. Bei nativen Cellulosen geht das Eindringen der Flüssigkeiten in die wenig geordneten Bereiche relativ rasch vonstatten, und in allen Fällen wird innerhalb 1 h Quellzeit der maximal erzielbare LRV-Wert erreicht, der auch durch die Temperatur nur geringfügig in der Weise beeinflußt wird, daß er wahrscheinlich infolge Verringerung der Oberflächenspannung mit steigender Temperatur abnimmt. Die Höhe des LRV-Wertes ist dann davon abhängig, wie weit die betreffende Flüssigkeit in Abhängigkeit von Molvolumen und Löslichkeitsparameter (vgl. [9]) in die Kapillaren oder in anderer Betrachtungsweise in die Bereiche geringerer Ordnung eindringen und diese aufweiten kann.

Tabelle 2. Schleuderquellwerte von Baumwolle nach der Quellung mit Aminen und Lösungsmitteln (Temperatur beim Abschleudern: 20 °C)

Quellmittel	Quelltemperatur °C	LRV in % nach 1 h	1 Tag	4 Tagen
		Quellzeit		
n-Propylamin	20	64	83	94
„	0	111	133	130
n-Butylamin	20	58	66	62
„	0	96	131	155
Äthylendiamin	20	129	127	—
Äthanolamin	20	96	95	—
Äthylenglykol	20	59	—	60
Dimethylsulfoxid	20	83	—	83
Dimethylformamid	20	45	—	45
Formamid	20	71*	—	—
Morpholin	20	82*	—	—
Acetonitril	20	7*	—	—
Pyridin	20	34*	—	—
Methanol	20	26*	—	—
Wasser	20	51*	—	—

*) andere Baumwollprobe

Der Anteil des LRV-Wertes, der aus der in den ehemals hoch geordneten Bereichen gebundenen Flüssigkeitsmenge resultiert, ist bei Propylamin und noch stärker bei Butylamin in hohem Maße temperatur- und zeitabhängig, was bereits bei der Veränderung der LODP-Werte zum Ausdruck kam. Bei den Werten der Tabelle 2 für Butylamin entspricht der bei 20 °C Quell- und Schleudertemperatur erzielte LRV-Wert der in den wenig geordneten und Übergangsbereichen der Cellulose festgehaltenen Menge Butylamin, während die bei 0 °C Quelltemperatur und 20 °C Schleudertemperatur erhaltenen höheren LRV-Werte zusätzlich die in den kristallinen Bereichen gebundene Butylaminmenge ausweisen.

Tabelle 3. Strukturkennwerte von Baumwolle nach der Behandlung mit Äthylendiaminlösungen

Lösungsmittel	Äthylendiaminkonzentration %	Molverhältnis Amin zu Lösungsm.	mol NH_2-Gruppen pro mol Lösungsm.	Behandlungs- zeit h	temp. °C	LODP	WRV %	Dampfsorption %	Essigsäuregehalt nach 3 min Acetylierung %
ohne Aminbehandlung zum Vergleich	—	—	—	—	—	160	52	6,8	22
ohne	100	1:0	1:0	1	20	98	105	9,3	41
Äthanolamin	20	1:4	1:2	1	20	153	72	7,4	30
,,	20	1:4	1:2	48	20	119	96	—	31
,,	20	1:4	1:2	48	0	124	98	—	38
,,	25	1:3	1:1,5	1	20	140	78	7,7	32
,,	33	1:2	1:1	1	20	129	100	8,2	33
,,	33	1:2	1:1	24	20	121	100	—	(50)
,,	50	1:1	1:0,5	1	20	99	106	9,3	40
Dimethylsulfoxid	16	1:4	1:2	1	20	150	67	—	—
,,	20	1:3	1:1,5	1	20	150	73	—	34
,,	20	1:3	1:1,5	24	20	117	88	—	—
,,	28	1:2	1:1	1	20	132	87	—	42
,,	28	1:2	1:1	24	20	98	90	—	(50)
,,	43	1:1	1:0,5	1	20	104	105	9,0	42
Dimethylformamid	22	1:3	1:1,5	1	20	153	58	—	30
,,	30	1:2	1:1	1	20	149	67	—	35
,,	46	1:1	1:0,5	1	20	102	94	—	42
Acetonitril	42	1:2	1:1	1	20	133	71	—	33
,,	59	1:1	1:0,5	1	20	100	95	—	38
Pyridin	28	1:2	1:1	1	20	138	71	—	—
,,	28	1:2	1:1	24	20	106	83	—	—
,,	43	1:1	1:0,5	1	20	99	87	—	—
,,	43	1:1	1:0,5	24	20	97	94	—	—
Wasser	63	1:2	1:1	1	20	115	89	—	—
,,	63	1:2	1:1	24	20	95	96	—	—
,,	77	1:1	1:0,5	1	20	88	94	—	—
,,	77	1:1	1:0,5	24	20	90	104	—	—
,,	77	1:1	1:0,5	1	0	94	92	—	—
Methanol	65	1:1	1:0,5	1	20	131	79	—	39
,,	65	1:1	1:0,5	24	20	106	90	—	(47)
Glykol	49	1:1	1:1*	1	20	155	58	—	26
,,	49	1:1	1:1*	72	20	163	63	—	27
,,	60	1:0,65	1:0,65*	1	20	146	68	—	42
,,	60	1:0,65	1:0,65*	24	20	117	90	—	43
,,	80	1:0,24	1:0,24*	1	20	112	92	—	(47)

* mol NH_2 — pro mol OH —

Tabelle 4. Strukturkennwerte von Baumwolle nach der Behandlung mit Methylaminlösungen

Lösungsmittel	Methylaminkonzentration %	Molverhältnis Amin zu Lösungsmittel	Behandlungs- zeit h	temp. °C	LODP	WRV %	Dampfsorption %	Essigsäuregehalt nach 3 min Acetylierung %
unbehandelte Baumwolle zum Vergleich	—	—	—	—	160	52	6,8	22
ohne	100	1:0	1	−10	92	99	10,3	48
Äthanolamin	14	1:3	1	0	160	78	—	24
,,	14	1:3	48	0	153	79	—	27
,,	20	1:2	1	0	132	100	—	—
,,	20	1:2	24	0	100	118	—	—
,,	25	2:3	1	0	127	112	9,2	45
,,	34	1:1	1	0	100	107	9,3	47
,,	51	2:1	1	0	94	94	9,4	48
Dimethylsulfoxid	12	1:3	1	0	160	70	—	28
,,	17	1:2	1	0	107	82	8,0	49
,,	28	1:1	1	0	88	96	9,2	46
Morpholin	11	1:3	1	0	164	69	—	26
,,	15	1:2	1	0	146	91	—	35
,,	19	2:3	1	0	114	94	—	44
,,	26	1:1	1	0	94	111	—	52
,,	35	3:2	1	0	92	99	—	51
Formamid	15	1:4	1	0	164	56	—	25
,,	26	1:2	1	0	160	59	—	27
,,	41	1:1	1	0	130	92	—	39
Dimethylformamid	18	1:2	1	0	144	60	—	26
,,	29	1:1	1	0	100	95	9,0	46
Pyridin	16	1:2	1	0	142	51	—	—
,,	28	1:1	1	0	104	99	—	—
Acetonitril	30	1:2	1	0	121	57	—	25
,,	43	1:1	1	0	105	90	8,8	46

Vergleicht man die in ihrem Molvolumen und Löslichkeitsparametern annähernd gleichen Flüssigkeiten Äthylenglykol — Äthanolamin — Äthylendiamin, so zeigt sich, daß in den LRV-Werten erhebliche Unterschiede bestehen. Wir führen dies darauf zurück, daß Glykol lediglich in die ungeordneten Bereiche der Cellulose eindringen kann — es werden weder der WRV-Wert noch der LODP verändert —, daß Äthanolamin in die ungeordneten und die Übergangsbereiche zwischen niedriger und hoher Ordnung eindringen kann — es werden der WRV-Wert, aber nicht der LODP verändert — und daß schließlich Äthylendiamin bis in die kristallinen Bereiche eindringen kann, wodurch sowohl der WRV-Wert als auch der LODP verändert werden. Man kann daraus schließen, daß eine Korrelation zwischen LRV-Wert einerseits sowie Molvolumen und Löslichkeitsparametern der Quellmedien andererseits nur dann zu erwarten ist, solange das Quellmittel lediglich in die ungeordneten Bereiche der Cellulose eindringen kann.

3.2. *Wechselwirkung der Cellulose mit Aminlösungen*

Variiert wurden Art und Menge des Amins in den verschiedenen Lösungsmitteln, wobei wir bestimmte Molverhältnisse von Amin zu Lösungsmittel vorgaben und in erster Linie die niederen aliphatischen Monoamine Methylamin, Äthylamin und Propylamin sowie das Äthylendiamin heranzogen. Die bei der Behandlung mit solchen Lösungen erzielten Strukturänderungen sollen anhand der Tabellen 3 bis 5 besprochen werden.

Bei der Behandlung von Cellulose mit Lösungen von Äthylendiamin tritt mit steigendem Amingehalt, besonders im Konzentrationsbereich von 0,5 mol Äthylendiamin, also 1 mol NH_2-Gruppen, je mol Lösungsmittel, die Strukturveränderung der Cellulose zunehmend stärker in Erscheinung, wobei mit Lösungen, die pro mol Lösungsmittel 1 oder mehr mol Äthylendiamin enthalten, die gleichen oder nahezu die gleichen Strukturkennwerte wie bei der Behandlung mit reinem Äthylendiamin erzielt werden, und zwar bereits nach kurzen Behandlungszeiten von 1 h. Sowohl bei den Äthylendiaminlösungen als auch bei den anderen Aminlösungen sind zur Erzielung der bei der jeweiligen Aminkonzentration maximal erreichbaren Strukturveränderung der Cellulose zum Teil über 1 h hinausgehende Behandlungszeiten nötig, wobei zur Erreichung der Endwerte eine um so längere Zeit erforderlich ist, je geringer die Aminkonzentration ist. Der Zeiteinfluß ist bei der Veränderung des LODP größer als beim WRV-Wert.

Bei gleichen molaren Konzentrationen der Äthylendiaminlösungen bestehen hinsichtlich der erreichten Strukturveränderungen der Cellulose zwischen den einzelnen Lösungsmitteln mit Ausnahme der Alkohole nur relativ kleine Unterschiede. Wenn Alkohole als Lösungsmittel für die Amine dienen, dann sind zur Strukturveränderung der Cellulose erheblich größere Aminkonzentrationen als bei den anderen Lösungsmitteln einschließlich Wasser erforderlich. Bei einer Konzentration von 1 mol OH- pro mol NH_2- wird auch bei langen Behandlungszeiten der LODP der Cellulose noch nicht verändert. Wir nehmen an, daß pro mol OH-Gruppen der Alkohole 1 mol NH_2-Gruppen der Amine gebunden wird, die dann nicht mehr für die Reaktion mit der Cellulose zur Verfügung stehen. Um mit Aminlösungen in Alkoholen etwa die gleichen Strukturveränderungen der Cellulose wie mit Aminlösungen in anderen Lösungsmitteln zu erreichen, ist also eine um 1 mol NH_2-Gruppen höhere Aminkonzentration erforderlich.

Insgesamt gesehen wurden bei Anwendung von Lösungen des Äthylendiamins in verschiedenen Flüssigkeiten hinsichtlich level-off-DP, Wasserrückhaltevermögen und Dampfsorption keine über die Wirkung des reinen Äthylendiamins hinausgehenden Effekte erzielt. Im Essigsäuregehalt der mit Äthylendiaminlösungen aktivierten Proben wurden in einigen Fällen höhere Werte als nach der Aktivierung mit reinem Äthylendiamin beobachtet, wobei wir allerdings hieraus noch keine gesicherten Aussagen ableiten möchten.

Bei der Behandlung von Cellulose mit *Methylaminlösungen* (Tabelle 4) tritt ebenso wie bei der Behandlung

Tabelle 5. Strukturkennwerte von Baumwolle nach der Behandlung mit Äthylamin- und Propylaminlösungen

Amin	Lösungsmittel	Aminkonzentration %	Molverhältnis Amin zu Lösungsmittel	Behandlungs- zeit h	temp. °C	LODP	WRV %	Essigsäuregehalt nach 3 min Acetylierung %
unbehandelte Baumwolle zum Vergleich	—	—	—	—	—	160	52	22
Äthylamin	ohne	100	1:0	1	0	97	105	49
,,	Dimethylsulfoxid	16	1:3	1	0	156	61	—
,,	,,	22	1:2	1	0	156	63	—
,,	,,	37	1:1	1	0	127	90	38
,,	,,	37	1:1	24	0	88	102	50
,,	,,	46	1:0,5	1	0	110	97	47
Propylamin	ohne	100	1:0	1	20	124	107	43
,,	Dimethylsulfoxid	28	1:2	1	20	156	58	—
,,	,,	28	1:2	1	0	142	57	22
,,	,,	43	1:1	1	20	154	61	—
,,	,,	43	1:1	72	20	167	62	—
,,	,,	43	1:1	1	0	134	60	27
,,	,,	43	1:1	65	0	123	64	39
,,	,,	60	1:0,5	1	20	154	64	35
,,	Wasser	85	1:0,59	1	20	155	67	—

Tabelle 6. Schleuderquellwerte von Baumwolle nach der Quellung mit Aminlösungen bei 20 °C

Quellmittel	LRV in % nach 1 h	1 Tag	4 Tagen
	Quellzeit		
20% Äthylendiamin + 80% Äthanolamin	110	135	153
33% „ + 67% „	138	146	147
50% „ + 50% „	134	136	141
43% Propylamin + 57% „	76	86	95
16% Äthylendiamin + 84% Dimethylsulfoxid	94	122	132
Cellulose mit Äthylendiamin 1 h behandelt, abgeschleudert, dann behandelt mit 16% Äthylendiamin + 84% Dimethylsulfoxid	134	134	131
Cellulose mit Dimethylsulfoxid 1 h behandelt, abgeschleudert, dann behandelt mit 16% Äthylendiamin + 84% Dimethylsulfoxid	97	117	133
28% Äthylendiamin + 72% Dimethylsulfoxid	126	133	137
43% „ + 57% „	130	133	135
30% „ + 70% Dimethylformamid	80	101	104
49% „ + 51% Glykol	75	88	95

mit Äthylendiaminlösungen mit steigendem Amingehalt eine zunehmende Strukturveränderung der Cellulose in Erscheinung, wobei bei oder etwas oberhalb des Verhältnisses von 1 mol Methylamin pro mol Lösungsmittel im allgemeinen die nach der Behandlung der Cellulose mit reinem Methylamin erzielten Werte erreicht oder annähernd erreicht werden. Die durch die verschiedenen Lösungsmittel bewirkten Unterschiede treten jedoch stärker als beim Äthylendiamin in Erscheinung. Besonders erwähnenswert sind die Maxima im Wasserrückhaltevermögen der Cellulose nach der Behandlung mit bestimmten Methylaminlösungen, die bei Methylamin/Äthanolamin beim Molverhältnis 1:2 und bei Methylamin/Morpholin beim Molverhältnis 1:1 auftreten, wobei jedoch nicht ausgeschlossen werden kann, daß möglicherweise bei längeren Behandlungszeiten mit den Morpholinlösungen die WRV-Werte der behandelten Cellulosen sich zum Teil noch leicht erhöhen und das Maximum nach niedrigeren Aminkonzentrationen verschoben wird. Ähnliche Maxima waren bei entsprechenden Untersuchungen mit Ammoniaklösungen beim Molverhältnis 1:2 bei Ammoniak/Äthanolamin und 2:3 bei Ammoniak/Morpholin beobachtet worden. Das Maximum des Wasserrückhaltevermögens der mit diesen Lösungen behandelten Cellulose liegt höher als der WRV-Wert der mit reinem Methylamin behandelten Cellulose. Im level-off-DP werden mit allen Lösungsmitteln nach der Behandlung der Cellulose mit Methylaminlösungen bestenfalls die gleichen, jedoch niemals niedrigere Werte als nach der Behandlung von Cellulose mit reinem Methylamin erhalten.

Mit Lösungen von n-Propylamin in Dimethylsulfoxid, Äthanolamin und Wasser läßt sich bei 20 °C auch bei langen Behandlungszeiten nur eine gewisse Anhebung des Wasserrückhaltevermögens, dagegen fast keine Änderung des level-off-DP und des Essigsäuregehaltes erreichen. Erst ein Senken der Behandlungstemperatur führt zum gewünschten Aktivierungseffekt. Auffällig ist jedoch, daß beim WRV-Wert nach einer Behandlung der Cellulose mit Propylaminlösungen auch nicht annähernd so hohe Werte wie nach einer Behandlung mit reinem Propylamin erreicht werden.

Äthylaminlösungen liegen in ihrem strukturverändernden Verhalten zwischen den Methyl- und Propylaminlösungen. Es werden also einesteils ähnlich wie bei den Propylaminlösungen bei der Behandlung der Cellulose längere Behandlungszeiten zur Erreichung der Endwerte als bei den Methylaminlösungen benötigt, anderenteils werden jedoch die mit reinem Äthylamin erzielbaren Strukturveränderungen auch mit Äthylaminlösungen, die ein oder mehr mol Amin pro mol Lösungsmittel enthalten, voll erreicht.

Im Zusammenhang mit einer Untersuchung der durch Aminlösungen hervorgerufenen Strukturänderungen erschien eine Bestimmung der LRV-Werte von Baumwollcellulose in den verschiedenen Gemischen interessant. Aus den in Tabelle 6 zusammengefaßten Zahlenwerten geht hervor, daß

1. die Gemische z. T. eine etwas stärkere Quellwirkung aufweisen als die einzelnen Komponenten, so beispielsweise Mischungen von Äthanolamin und Äthylendiamin, und daß
2. eine Verlängerung der Quelldauer von 1 h auf einen oder mehrere Tage in den meisten Fällen noch zu einem merklichen Anstieg des LRV-Wertes führt, während bei den Einzelkomponenten mit Ausnahme des Propylamins nach 1 h Quellzeit der Endwert erreicht wird.

Zum Vergleich der mit Baumwoll- und mit Holzcellulose erreichbaren Aktivierungswirkung führten wir einige orientierende Versuche mit einem heißveredelten Fichtensulfitzellstoff durch (Tabelle 7).

Gegenüber dem Verhalten von Baumwolle in solchen Lösungen ergeben sich keine grundsätzlichen Unterschiede.

Tabelle 7. Strukturkennwerte von Zellstoff nach Behandlung mit Gemischen von Äthylendiamin und DMF (1 h/20 °C)

Aminkonzentration %	Molverhältnis Amin : DMF	LODP	WRV %	Essigsäuregehalt nach 3 min Acetylierung %
unbehandelter Zellstoff	—	193	63	24
100	1:0	80	110	42
20	1:3,3	161	75	28
30	1:1,9	113	87	34
40	1:1,2	92	94	38
50	1:0,8	84	96	40
60	1:0,6	80	101	40

4. Zusammenfassung und Diskussion der Ergebnisse

Ausgehend von den Vorstellungen, wonach der level-off-DP ein Maß für die Kristallitlänge, das Wasserrückhaltevermögen in erster Näherung ein Maß für das Porenvolumen und die Dampfsorption ein Maß für die innere und äußere Oberfläche der Cellulose ist, fanden wir, daß bei der Behandlung von nativer Cellulose mit primären aliphatischen Aminen und Aminlösungen Veränderungen im Molvolumen der Amine, in den molaren Konzentrationen der Aminlösungen sowie in der Behandlungszeit und -temperatur sich in unterschiedlicher Weise auf die Veränderung der verschiedenen Strukturbereiche der Cellulose auswirken. Da im folgenden die bei der Behandlung von Cellulose mit Ammoniak und Ammoniaklösungen gewonnenen Ergebnisse [11] mit diskutiert werden sollen, gilt das über Amine und Aminlösungen Gesagte, soweit nicht anders vermerkt, auch für Ammoniak bzw. Ammoniaklösungen.

Wie ein Vergleich von Baumwollcellulose und einem Holzzellstoff zeigt, ist der Einfluß der übermolekularen Struktur der Ausgangsprobe auf deren Verhalten in Aminlösungen gering, wenn man die Betrachtung auf native Cellulosepräparate beschränkt. Generell kann eine gewisse Nivellierung ursprünglich vorhandener Strukturunterschiede durch die Behandlung mit reinen Aminen wie mit den Aminlösungen festgestellt werden.

Sowohl die Amine als auch die Aminlösungen vermögen den level-off-DP um so stärker zu erniedrigen, d. h. um so tiefer in die kristallinen Bereiche der Cellulose einzudringen, je tiefer die Behandlungstemperatur ist. Dieser Temperatureinfluß geht so weit, daß bei 20 °C durch Butylamin und durch Propylaminlösungen der LODP überhaupt nicht mehr verändert wird und merkliche Effekte erst bei tieferer Behandlungstemperatur eintreten. Die durch die Aminbehandlung der Cellulose verursachte Veränderung des Wasserrückhaltevermögens dagegen wird durch die Behandlungstemperatur nicht wesentlich beeinflußt.

Für die verschiedenen Amine und Aminlösungen bestehen beträchtliche Unterschiede in den zur maximal erreichbaren Strukturveränderung erforderlichen Zeiten. Bei den reinen Aminen sind um so längere Behandlungszeiten erforderlich, je größer die Anzahl ihrer C-Atome ist. Bei den Aminlösungen spielt daneben die Aminkonzentration eine entscheidende Rolle, indem mit sinkender Aminkonzentration sich die notwendigen Behandlungszeiten verlängern, was wir in erster Linie mit einem Verdünnungseffekt durch das Lösungsmittel in Zusammenhang bringen. Die Art des Lösungsmittels selbst beeinflußt bei den Aminlösungen die zur Strukturveränderung der Cellulose erforderliche Behandlungszeit nicht wesentlich; lediglich bei Wasser scheinen vermutlich infolge des kleineren Molvolumens etwas kürzere Zeiten als mit den anderen Lösungsmitteln zu genügen. Sowohl mit den Aminen als auch mit den Aminlösungen erfolgt die Strukturveränderung der Cellulose in den wenig geordneten Bereichen wesentlich rascher als in den hochgeordneten Bereichen, d. h., der maximale WRV-Wert wird schneller erreicht als der minimale LODP.

Bei der Behandlung von Cellulose mit Aminlösungen werden mit steigender Aminkonzentration zunehmend stärkere Strukturveränderungen erzielt, bis im allgemeinen etwa bei einer Konzentration von 1 mol NH_2 pro mol Lösungsmittel die bei der Behandlung mit den betreffenden reinen Aminen erzielten Werte erreicht, jedoch nicht überschritten werden. Erhebliche Abweichungen von diesem allgemeinen Verhalten zeigen die alkoholischen Aminlösungen, indem hier höhere Aminkonzentrationen zur Strukturveränderung der Cellulose erforderlich sind, sowie Ammoniak- und Methylaminlösungen in Äthanolamin und Morpholin, wo geringere Aminkonzentrationen ausreichen und außerdem der WRV-Wert bei bestimmten Aminkonzentrationen Maxima durchläuft, die höher als die bei der Behandlung der Cellulose mit reinem Ammoniak bzw. Methylamin erzielten WRV-Werte liegen.

Für alle Aminlösungen kann man jedoch feststellen, daß die durch sie verursachten Strukturveränderungen der Cellulose in den wenig geordneten Bereichen bereits bei niedrigeren Aminkonzentrationen einsetzen bzw. weiter fortgeschritten sind als in den hochgeordneten Bereichen; d. h., zunächst beginnt sich der WRV-Wert zu verändern und erst bei weiterer Erhöhung der Aminkonzentration der LODP. So wird z. B. bei der Behandlung von Cellulose mit wäßriger Ammoniaklösung die Hälfte des jeweils erreichbaren Gesamteffekts erzielt

für den WRV-Wert	bei 31% NH_3,
für die Dampfsorption	bei 42% NH_3,
für den LODP	bei 46% NH_3.

Eine in sich geschlossene, qualitative Deutung der in Abhängigkeit von den verschiedenen Parametern beobachteten Strukturänderungen läßt sich geben, wenn man von folgenden Überlegungen ausgeht:

a) Die Wechselwirkung zwischen Amin und Cellulosekette erfolgt in erster Linie über mit den O—H—O-Brücken der Cellulosestruktur konkurrierenden O—H—N-Brücken.
b) Die Bindungsstärke der O—H—N-Brücken ist bei Raumtemperatur und darunter im allgemeinen größer als die der O—H—O-Brücken.
c) Als Konkurrenzreaktion zur Wechselwirkung mit den OH-Gruppen der Cellulose ist vor allem bei den binären Systemen Amin/Lösungsmittel eine Assoziatbildung in der flüssigen Phase zu berücksichtigen.

Auf Basis dieser Vorstellungen läßt sich zunächst das unterschiedliche Verhalten reiner Amine verstehen:

So dürfte das erschwerte Eindringen längerkettiger Amine in die Cellulosestruktur sicher nicht nur auf sterische Faktoren, sondern in erheblichem Umfange auch auf eine mit zunehmender C-Zahl abnehmende „Dichte potentieller H-Brückenbindungen" zurückzuführen sein. Die deutliche Abstufung der Wechselwirkung der Cellulose mit den drei Flüssigkeiten Äthylendiamin — Äthanolamin — Äthylenglykol wurde bereits ausführlich behandelt, wobei hier nur ergänzend darauf hingewiesen sei, daß Äthanolamin trotz seiner Zugehörigkeit zur Klasse der stark basischen, primären aliphatischen Amine offenbar deshalb nicht in die hochgeordneten Bereiche der Cellulose eindringt, weil zwischen NH_2- und OH-Gruppen der Äthanolaminmoleküle eine starke Assoziatbildung eintritt und dadurch die NH_2-Gruppen für die Wechselwirkung mit Cellulosehydroxylgruppen weitgehend ausgeschaltet sind.

Durch eine solche Assoziatbildung werden auch verschiedene mit binären Systemen erhaltene Ergebnisse verständlich. So wird — abweichend von anderen Aminlösungen — mit Ammoniak in Äthanolamin bereits bei einer Konzentration von 0,5 mol NH_3 pro mol Äthanolamin die mit reinem NH_3 erreichbare Strukturänderung erreicht und gleichzeitig ein Maximum im WRV-Wert durchlaufen, das höher als der mit reinem NH_3 erreichbare Wert liegt. Zur Erklärung nehmen wir eine Assoziatbildung aus zwei Molekülen Äthanolamin und einem Molekül NH_3 an, wobei sich das entstandene Assoziat dann ähnlich wie ein Solvat aus 1 mol Äthylendiamin und 1 mol Äthanolamin verhält, d. h. unter starker Quellung sowohl die wenig geordneten Bereiche der Cellulose aufweitet als auch in die hochgeordneten eindringt. Methylamin/Äthanolamin-Lösungen verhalten sich ähnlich, nur ist hier das Maximum im WRV-Wert weniger ausgeprägt. Auch das Verhalten der Lösungen von NH_3 und Methylamin in Morpholin dürfte auf diese Weise zu erklären sein. Umgekehrt führen wir die Tatsache, daß bei alkoholischen Aminlösungen unterhalb eines Konzentrationsverhältnisses von 1 NH_2-Gruppe:1 OH-Gruppe keine Strukturänderung der Cellulose erfolgt und erst ab etwa zwei NH_2-Gruppen:einer OH-Gruppe der mit dem reinen Amin erreichbare Effekt erreicht wird, darauf zurück, daß zunächst die NH_2-Gruppen des Amins mit den OH-Gruppen des Alkohols über H-Brücken assoziieren und eine Wechselwirkung mit den OH-Gruppen der Cellulose erst nach „Absättigung" der OH-Gruppen des niedermolekularen Alkohols eintritt. Auch die im Vergleich zu anderen Lösungsmitteln etwas geringere Strukturänderung mit Lösungen von Methylamin in Formamid könnte durch analoge Überlegungen erklärt werden, wenn man das Tautomeriegleichgewicht

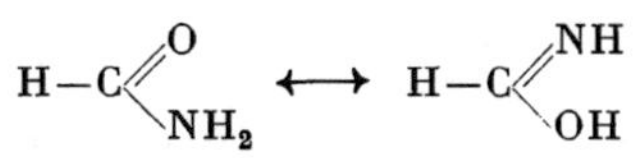

zugrunde legt.

Zur Deutung der beobachteten Temperaturabhängigkeit für die Wechselwirkung zwischen Cellulose und Amin nehmen wir eine unterschiedliche Temperaturabhängigkeit der Bindungsstärke von O—H—O und O—H—N-Brücken an in dem Sinne, daß sich mit sinkender Temperatur die Differenz der Bindungsenergie zugunsten einer O—H—N-Bindung verschiebt und damit eine Wechselwirkung zwischen Amin und Cellulosehydroxylgruppen erfolgreicher gegen die inter- und intramolekularen H-Brücken zwischen den OH-Gruppen konkurrieren bzw. vor allem bei längerkettigen Aminen erst unterhalb einer bestimmten Grenztemperatur ein Eindringen in die geordneten Bereiche erfolgen kann. Für eine solche Vorstellung könnte auch ein Vergleich der Schmelz- und Siedepunkte von Äthanolamin (O—H—N-Wechselwirkung) und Äthylenglykol (O—H—O-Wechselwirkung) sprechen, indem Äthylenglykol einen um 16 grd höheren Siedepunkt, aber einen um 22 grd niedrigeren Schmelzpunkt aufweist als Äthanolamin und dieser Unterschied dann mit der Annahme im Einklang stünde, daß bei hohen Temperaturen O—H—O-Assoziate, bei tiefen Temperaturen dagegen O—H—N-Assoziate stabiler sind.

Herrn *Alfred Kaiser* und Frau *Edith Kostowa* danken wir für gewissenhafte Mitarbeit.

Literatur

[1] *Warwicker, J. O., Jeffries, R., Colbran, R. L.,* und *Robinson, R. N.:* A review of the literature on the effect of caustic soda and other swelling agents on the fine structure of cotton. Shirley Institute Pamphlet No. 93, 1966.

[2] *Trogus, C.,* und *Hess, K.:* Über Additionsverbindungen der Cellulose mit Hydrazin, Äthylendiamin und Tetramethylendiamin. Röntgenographische Untersuchungen an Cellulosederivaten. XI. Z. physik. Chemie **14** (1931) S. 387—395.

[3] *Creely, J. J., Segal, L.,* und *Loeb, L.:* An X-ray study of new cellulose complexes with diamines containing three, five, six, seven and eight carbon atoms. J. Polymer Sci. **36** (1959) S. 205—214.

[4] *Davis, W. E., Barry, A. J., Peterson, F. C.,* und *King, A. J.:* X-ray studies of reactions of cellulose in nonaqueous systems. II. Interaction of cellulose and primary amines. J. amer. chem. Soc. **65** (1943) S. 1294—1299.

[5] *Klenkova, N. I.:* Umsetzung von Cellulose mit Aminen als aussichtsreicher Weg für die Aktivierung der Cellulose und die Steigerung ihrer Reaktionsfähigkeit bei den Prozessen zur Herstellung der verschiedenartigen Derivate. Ž. prikl. Chimii. (Z. angew. Chemie) **40** (1967) 10, S. 2191—2208.
Klenkova, N. I., Matveeva, N. A., Kulakova, O. M., und *Volkova, L. A.:* Peculiarities of cellulose activation. Sintez, Structura, Svoistva Polimerov (1970) S. 279—282, Ref.: CA **74** (1971) 143150.

[6] *Loeb, L.,* und *Segal, L.:* The treatment of cotton cellulose with aqueous solutions of ethylamine. Textile Res. J. **25** (1955) S. 516—519.

[7] *Paszner, L.:* Effect of inter- and intra-crystalline swelling on cellulose degradation by gamma-rays. Svensk Papperstidn. **71** (1968) S. 822—828.

[8] *Schwabe, K.,* und *Philipp, B.:* Zur Umsetzung von Cellulose mit Tetraäthylammoniumhydroxyd. Holzforschung **9** (1955) S. 104—109.

[9] *Philipp, B., Schleicher, H.,* und *Wagenknecht, W.:* The influence of cellulose structure on the swelling of cellulose in organic liquids. J. Polymer Sci. (im Druck).

[10] *Koura, A., Schleicher, H.,* und *Philipp, B.:* Untersuchungen zur Quellung und Lösung von Cellulose in aminhaltigen Flüssigkeitsgemischen. 2. Mitt.: Untersuchungen zur Löslichkeit von Cellulose in Dimethylsulfoxid/Amin-Gemischen. Faserforsch. u. Textiltechnik **23** (1972) 3, S. 128—133.

[11] *Koura, A.,* und *Schleicher, H.:* Untersuchungen zur Quellung und Lösung von Cellulose in aminhaltigen Flüssigkeitsgemischen. 5. Mitt.: Zur Strukturveränderung von Cellulose durch Ammoniaklösungen. Faserforsch. u. Textiltechnik **24** (1973) 2, S. 82—86.

[12] *Philipp, B.,* und *Baudisch, J.:* Strukturuntersuchungen an Celluloseregeneratfäden mit chemischen Accessibilitätsmethoden. 2. Mitt.: Erkennung von Zellstoff- und Modifikatoreinflüssen auf die Struktur von Cordreyonfäden mittels Umsetzungen in sauren Medien. Faserforsch. u. Textiltechnik **16** (1965) 4, S. 173—180.

[13] *Höpner, T., Jayme, G.,* und *Ulrich, J. C.:* Bestimmung des Wasserrückhaltevermögens (Quellwertes) von Zellstoffen. Papier **9** (1955) S. 476—482.

[14] *Loeb, L.,* und *Segal, L.:* The chemical reactivity of ethylamin-treated cotton as indicated by acetylation. Textile Res. J. **34** (1954) S. 654—658.

[15] *Creely, J. J.:* The effect of temperature on formation of higher amine-cellulose complexes. Textile Res. J. **41** (1971) S. 274—275.

[16] *Klenkova, N. I., Matveeva, N. A., Kulakova, O. M.,* und *Volkova, L. A.:* Weitere Angaben über die Aktivierung der Cellulose mit Aminen. Ž. prikl. Chimii. (Z. angew. Chemie) **42** (1969) S. 2806—2813.

Eingegangen am 18. Dezember 1972

Über den Zusammenhang zwischen Struktur und Zersetzungswärme von Cellulose

Algirdas Jemaitaitis, Vitautas Kolodzeiskis und Hans-Joachim Flath

Polytechnisches Institut Kaunas,

Technische Universität Dresden, Sektion Chemie

DK 547.458.81:547.233-145:542.951.1:539.388.8:539.21

Es wird der Einfluß der Vorbehandlung von Cellulose mit NaOH-Lösungen verschiedener Konzentration auf die Zersetzungswärme untersucht. Die gefundenen Daten werden auf die Strukturänderungen des Faserstoffs während der Vorbehandlung zurückgeführt. Es wird gefunden, daß die Zersetzungswärme mit Vergrößerung des amorphen Anteils ansteigt. Daraus werden Schlußfolgerungen über die Abhängigkeit des Zersetzungsmechanismus von dem strukturellen Aufbau der Cellulose gezogen.

О зависимости между структурой и теплотой термодеструкции целлюлозы

Исследовано влияние предварительной обработки хлопковой целлюлозы растворами NaOH на теплоту термодеструкции целлюлозы. Полученные результаты сопоставлены с структурными показателями целлюлозы. Найдено, что с увеличением аморфной части целлюлозы теплота термодеструкции возрастает. На основании полученных данных сделаны выводы относительно зависимости между структурой и возможным механизмом термодеструкции целлюлозы.

On the Relationship between Structure and Heat of Decomposition of Cellulose

The effect of the pretreatment of cellulose with aqueous NaOH of different concentration on the heat of decomposition has been investigated. The results are related to the structural changes of fibres during the pretreatment. The heat of decomposition was found to increase with higher content of amorphous regions. Conclusions are drawn to the dependence of the decomposition mechanism on the structure of cellulose.

Zahlreiche Untersuchungen haben gezeigt, daß sich Änderungen der Struktur von Cellulose auf die Geschwindigkeit ihrer Umwandlung in chemische Reaktionen auswirken. Dies läßt sich durch röntgenographische, IR-spektroskopische, Sorptions- und chemische Methoden nachweisen. Eine Verminderung des Ordnungsgrades und der zwischenmolekularen Kräfte zwischen den Celluloseketten durch Behandlung mit NaOH-Lösungen oder Aminen erhöht die Reaktionsfähigkeit bei der Umsetzung mit verschiedenen Reagenzien im heterogenen System.

In der Literatur [1 bis 4] wird beschrieben, daß die Umwandlungsgeschwindigkeit der geordneten und amorphen Bereiche der Cellulose beim thermischen oder thermooxydativen Abbau verschieden ist. In dieser Arbeit wird mit Hilfe der Differential Scanning Calorimetrie die Auswirkung der Änderung in der Cellulosestruktur auf die Zersetzungswärme und den Mechanismus des thermischen Abbaus untersucht. Dazu werden die Zersetzungswärmen von nativer Baumwolle vor und nach Behandlung mit Natronlauge verschiedener Konzentration bestimmt. Die erhaltenen Daten werden mit Strukturparametern der Cellulose verglichen.

1. Experimenteller Teil

Als Ausgangsmaterial dienten sowjetische Baumwollinters mit einem mittleren Polymerisationsgrad (Cadoxen) 2160. Dieses wurde vor der Anwendung mit 1% NaOH-Lösung 2,5 h abgekocht und mit destilliertem Wasser gespült.

Behandlung mit Natronlauge:

1 g Cellulose wurde mit Natronlauge verschiedener Konzentration bei 20 °C während 30 min im Verhältnis 1:30 behandelt. Danach erfolgte ein sorgfältiges Spülen mit destilliertem Wasser, 1%iger Essigsäure und wiederum mit destilliertem Wasser bis zur neutralen Reaktion. Alle Proben wurden bei Raumtemperatur und anschließend im Vakuum bei 80 °C bis zum Erreichen des Gleichgewichtes getrocknet und dann im Exsikkator über P_2O_5 aufbewahrt.

Der Aschegehalt der Proben betrug nicht mehr als 0,06%. Die Thermogramme der Cellulose wurden mit Hilfe eines Differential Scanning Calorimeters DSC-1 B der Fa. Perkin-Elmer aufgenommen. Dazu wurden Proben im Umfang von 1,4 bis 16 mg in Aluminiumtiegel gebracht, nochmals gewogen und mit Deckeln verschlossen, die zur Entfernung flüchtiger Zersetzungsprodukte perforiert waren.

Die Versuche wurden in einer Atmosphäre von getrocknetem Reinststickstoff bei einer Strömungsgeschwindigkeit von 20 ml/min durchgeführt. — Als Vergleichsprobe wurde ein leerer Aluminiumtiegel mit Deckel verwendet. Vor dem Versuch wurde das System 10 min mit Stickstoff durchspült, um Sauerstoff zu entfernen. Dann wurde aufgeheizt und 5 min bei 175 °C gehalten.

Versuchsbedingungen: Aufheizgeschwindigkeit 32 grd/min, Bereich 8 (bei Einwaage mehr als 10 mg, Bereich 32), Papiervorschub am Schreiber 40 mm/min. Die angegebenen Zersetzungswärmen stellen Mittelwerte aus drei bis vier Versuchen dar. Die Abweichungen der Einzelwerte vom Mittelwert betragen nicht mehr als $\pm$ 5%.

Als Beginn und Ende der Zersetzungspeaks wurden die Schnittpunkte der Tangenten mit der Grundlinie ermittelt.

Die Wasserdampfsorption der verschieden behandelten Baumwollproben wurde bei 20 °C während 72 h bei einer relativen Luftfeuchte von 66% gravimetrisch ermittelt.

Die Zugängigkeit wurde aus dem Verhältnis der sorbierten Feuchtemengen von behandelter und nativer Probe bestimmt.

Der Kristallinitätsindex ergibt sich aus dem Röntgenogramm nach der Methode von *Jayme* und *Knolle* [5].

Die Bestimmung des Wasserrückhaltevermögens erfolgte nach Standardvorschrift [6].

2. Ergebnisse und ihre Auswertung

Es ist bekannt, daß die thermische Zersetzung von Cellulose in inerter Atmosphäre als endothermer Prozeß verläuft. Dieser drückt sich im Thermogramm als endothermer Peak aus, der in Abhängigkeit von der Aufheizgeschwindigkeit in einem Intervall von 50 bis 70 grd im Temperaturbereich zwischen 280 und 425°C gefunden wird.

Wie aus Bild 1 hervorgeht, hängt die Zersetzungswärme der Cellulose ($-\Delta H_u$) unter sonst gleichen Bedingungen in gewissem Umfang von der Höhe der Einwaage der Probe ab. $-\Delta H_u$ der Cellulose ist bei kleinen

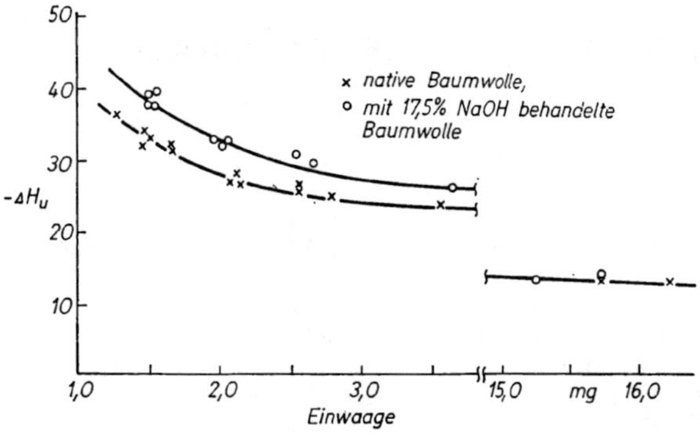

Bild 1. Zersetzungswärme von Cellulose in Abhängigkeit von der Probengröße

Einwaagen 2- bis 3mal größer als bei Proben von 15 bis 16 mg. Weiter ist bemerkenswert, daß bei Einwaagen von 1,4 bis 3,0 mg der Unterschied zwischen den Zersetzungswärmen von nativen und mit 17,5%iger NaOH-Lösung vorbehandelten Proben 5,5 bis 3,0 kcal/mol beträgt, während sich bei größeren Einwaagen die Werte für $-\Delta H_u$ nicht unterscheiden.

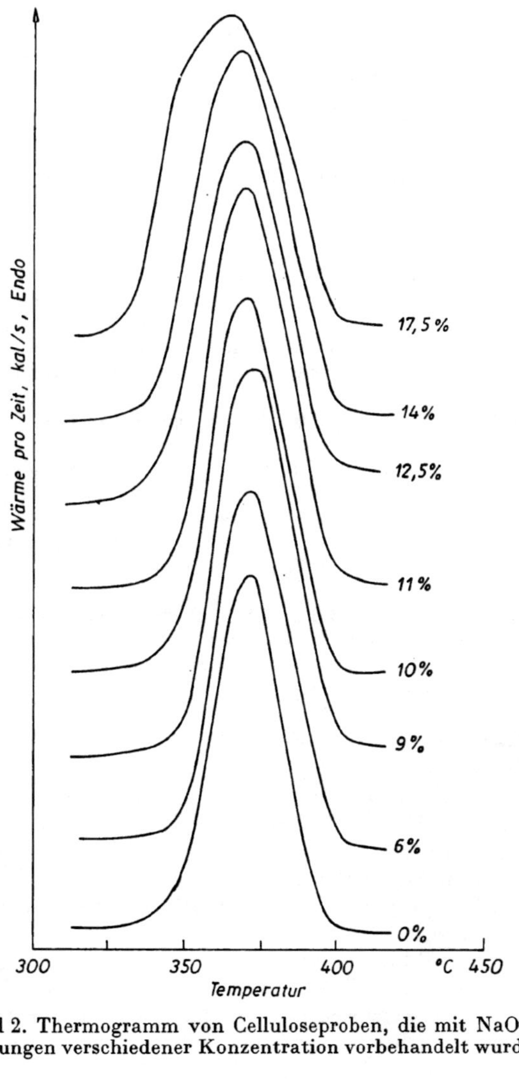

Bild 2. Thermogramm von Celluloseproben, die mit NaOH-Lösungen verschiedener Konzentration vorbehandelt wurden

Tabelle 1. Zersetzungswärme von Cellulose

Zersetzungswärme (kcal/mol)	Medium	Bemerkung	Literatur
14,0	inerter Gasstrom	f. α-Cell.	[7]
18,1…18,7	Stickstoffstrom	Bw	[8, 9]
7,9	Argon	Bw	[10]
18,1	Vakuum	Bw	[10]

In den Arbeiten anderer Autoren werden verschiedene Werte für die Zersetzungswärme von Cellulose angegeben (Tabelle 1). Die Unterschiede zwischen diesen Angaben und die Abhängigkeit der Zersetzungswärme von der Masse der Proben (Bild 1) können durch die verschiedenen Abbaubedingungen erklärt werden [11], und zwar durch das verschiedene Verhalten des als Cellulosezersetzungsprodukt entstehenden Lävoglucosans. Wie *Arseneau* [12] zeigt, hängt der Beitrag des Lävoglucosans in der energetischen Zersetzungsbilanz der Cellulose von dem Grad seiner Entfernung aus dem Reaktionsmilieu ab, da es sich exotherm spaltet. Bei großen Einwaagen oder unter Bedingungen, unter denen ein Entweichen erschwert ist, vermindert die exotherme Spaltung des Lävoglucosans den resultierenden endothermen Effekt. Wie aus Bild 1 ersichtlich ist, können unter den angewendeten Versuchsbedingungen bei Einwaagen von 1,4 bis 3,0 mg Unterschiede in der Zersetzungswärme zwischen Celluloseproben mit verschiedener Struktur gefunden werden. Die weitere Untersuchung von Proben, die mit NaOH-Lösungen unterschiedlicher Konzentration vorbehandelt worden waren, sollten Zusammenhänge zwischen Struktur und Zersetzungswärme der Cellulose erkennen lassen.

In Bild 2 werden Thermogramme von Celluloseproben dargestellt, die mit NaOH-Lösungen unterschied-

Tabelle 2. Einfluß der NaOH-Konzentration auf die Strukturparameter und Zersetzungswärme von Baumwolle

NaOH-Konz.	Endothermer Peak t_B	t_{max}	t_E	$(\Delta H_u)_{NaOH}$[1] / $(\Delta H_u)_0$	Zugänglichkeit[2])	WRV	KI
0	352	373	401	1,0	1,0	58,0	71,0
6	351	370	400	1,01	1,04	56,8	72,2
9	351	371	399	1,05	1,1	55,5	64,0
10	348	370	398	1,1	1,14	54,0	62,2
11	345	369	397	1,13	1,17	54,8	57,2
12,5	343	369	397	1,01	1,37	57,8	51,0
14	340	368	396	1,15	1,55	63,4	45,5
17,5	332	363	398	1,18	1,6	68,7	42,3

t_B = Beginn des endothermen Peaks,
t_{max} = Maximum des endothermen Peaks,
t_E = Ende des endothermen Peaks,
$(\Delta H_u)_0$ = Zersetzungswärme der nativen Baumwolle,
$(\Delta H_u)_{NaOH}$ = Zersetzungswärme der mit NaOH behandelten Baumwolle,
WRV = Wasserrückhaltevermögen,
KI = röntgenographischer Kristallinitätsindex,

[1]) = Mittelwerte aus Bild 3,
[2]) bestimmt aus Wasserdampfsorptionswerten.

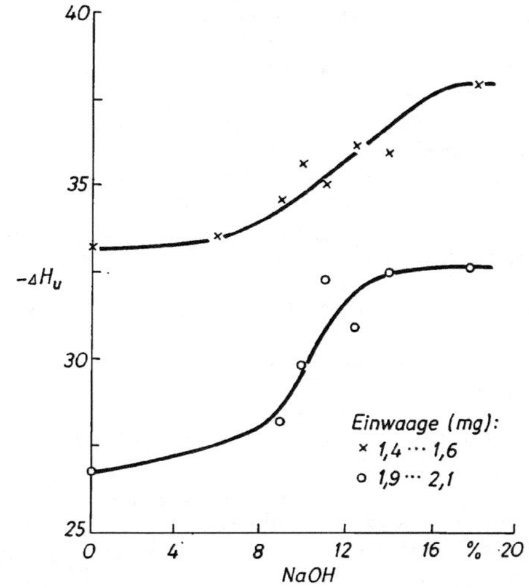

Bild 3. Abhängigkeit der Zersetzungswärme der Cellulose von der NaOH-Konzentration während der Vorbehandlung

licher Konzentration vorbehandelt wurden. Mit Erhöhung der NaOH-Konzentration findet man eine stetige Herabsetzung des Peakbeginns von 352 auf 332°C (Tabelle 2). Dabei ändern sich Maximum und Ende des endothermen Peaks nicht wesentlich. Diese qualitativen endothermen Peakänderungen werden von Erhöhungen der Zersetzungswärme begleitet (Bild 3).

Einen besonders starken Sprung $-\Delta H_u$ findet man im Bereich zwischen 9 und 14% NaOH. Wahrscheinlich wird dieser Sprung durch Unterschiede in der Cellulosestruktur hervorgerufen, die NaOH-Lösungen dieser Konzentration bekanntlicherweise verursachen. Bei der Vorbehandlung nativer Cellulose mit 9- bis 14%iger NaOH erfolgt eine Vergrößerung der Zugänglichkeit der OH-Gruppen, eine Auflockerung der Cellulosestruktur und eine Veränderung des Kristallgitters von Cellulose I in Cellulose II bei gleichzeitiger Verminderung des röntgenographischen Kristallinitätsindex (Tabelle 2).

Die gefundene geringe Veränderung des WRV nach der Behandlung mit NaOH kann mit *Jayme* [13] durch eine teilweise „Verhornung" der Cellulose bei der Trocknung erklärt werden. Zur weiteren Klärung der Ursachen für die Veränderung von $-\Delta H_u$ verschieden vorbehandelter Cellulose wurde nach Korrelationen zwischen Zersetzungswärme und Strukturparametern der Cellulose gesucht. Wie aus den Daten der Tabelle 3 ersichtlich ist, werden gute Korrelationen zwischen Zersetzungswärme und Zugänglichkeit sowie Kristallinitätsindex gefunden.

Unter Beachtung der Daten von *Jeffries* [14], wonach zwischen der Menge an sorbiertem Wasser und an amorphen Strukturanteilen der Cellulose ein direkter

Tabelle 3. Korrelationskoeffizient zwischen Strukturparametern und $-\Delta H_u$ von Baumwollproben, die mit NaOH-Lösungen verschiedener Konzentration vorbehandelt wurden

	Zugänglichkeit	WRV	KI
$\frac{(\Delta H_u)_{NaOH}}{(\Delta H_u)_0}$	0,87	0,58	—0,94

Zusammenhang besteht, kann man den Schluß ziehen, daß die Zersetzungswärme der Cellulose vom Verhältnis zwischen geordneten und amorphen Strukturbereichen abhängt. Eine Erhöhung des amorphen Anteils ruft eine Vergrößerung von $-\Delta H_u$ hervor.

3. Diskussion

Nach den Ansichten von *Kilzer* und *Broido* [15] über den thermischen Abbau von Cellulose, die von *Arseneau* [12] modifiziert wurden, kann man den gesamten Prozeßablauf in eine Reihe von aufeinanderfolgenden und parallel ablaufenden Vorgängen unterteilen:

Dehydratation von Cellulose unter Bildung sog. „Dehydrocellulosen", die sich zum großen Teil weiter spalten unter Bildung von CO, CO_2, H_2O und verkohlten Resten.
Depolymerisation der nichtdehydratisierten Celluloseanteile in Lävoglucosan.
Weiterreichende Umwandlung von Zersetzungsprodukten der Cellulose in Abhängigkeit von den Reaktionsbedingungen, z. B. Verdampfung oder exothermer Abbau des Lävoglucosans.

Die gesamte Energie der thermischen Zersetzung von Cellulose setzt sich aus folgenden Wärmen der aufeinanderfolgenden oder parallel ablaufenden Vorgänge zusammen:

Zersetzungswärme der „Dehydrocellulosen" in CO, CO_2, H_2O und verkohlte Reste.
Depolymerisationswärme der Cellulose in Lävoglucosan.
Wärme zur Entfernung der flüchtigen Produkte aus der Reaktionszone.

Die Bildung der „Dehydrocellulose" und der Bruch der Acetalbindungen in den Polymerketten der Cellulose erfordert geringe Energiemengen [12, 16]. Der Energieaufwand für die Zersetzung der Dehydrocellulose, berechnet auf eine Celluloseketteneinheit, ist größer als die für die Depolymerisation der Cellulose notwendige Energie.

Die experimentellen Befunde beweisen, daß die verschiedenen Werte für die Zersetzungswärme von Cellulose mit unterschiedlichem Gehalt an geordneten und amorphen Bereichen auf einer Abhängigkeit des thermischen Abbaus der Cellulose von der Intensität der zwischenmolekularen Kräfte (bes. Wasserstoffbrücken) zwischen den Celluloseketten beruhen und bestätigen damit den vorher diskutierten Mechanismus:

In den amorphen Bereichen der Cellulose mit geringer Intensität der zwischenmolekularen Kräfte läuft vorwiegend der Prozeß der Entstehung und Zersetzung von Dehydrocellulose ab, während in Bereichen größerer Intensität der zwischenmolekularen Bindungen, besonders in geordneten Bereichen, die Depolymerisation der Cellulose zu Lävoglucosan überwiegt.

Diese Schlußfolgerungen über die Abhängigkeit des Mechanismus des Celluloseabbaus von der Struktur werden durch die Daten von *Halpern* und *Patai* [17] gestützt, die zeigen konnten, daß bei dem Celluloseabbau unter isothermen Bedingungen im Vakuum das Lävoglucosan vorwiegend durch Zersetzung der Cellulose in kristallinen Bereichen entsteht.

Literatur

[1] *Philipp, B.*, und *Baudisch, J.:* Untersuchungen zum thermischen Abbau der Cellulose im Hinblick auf chemische und strukturelle Änderungen im Cellulosepräparat. Paperi ja puu, Helsinki (Papier und Holz) (1969) 11, S. 813—821.

[2] *Hurduc, N.*, und *Schneider, J.:* Contributions to the degradation mechanism of the cellulose and their derivatives. Bull. Inst. Pol. di Jasi, Serie nouva XVI(XX), **1/2**, (1970), Sectia II, S. 357—362.

[3] *Weinstein, H.*, und *Broido, A.:* Pyrolysis-cristallinity relationship in cellulose. Comb. Sci. Technol. **1** (1970) 4, S. 287—292.

[4] *Döhler, W.*, *Baudisch, J.*, *Philipp, B.* und *Ruscher, Chr.:* Chemische und strukturelle Änderungen beim thermischen Abbau verschiedenartig hergestellter Celluloseproben. Cellulose Chem. Technology, Jassy/Rum. **5** (1971) S. 215—224.

[5] *Jayme, G.*, und *Knolle, H.:* Beitrag zur empirischen röntgenographischen Bestimmung des Kristallinitätsgrades cellulosehaltiger Stoffe. Papier **18** (1964) S. 249—255.

[6] TGL 142-2003 (2. 60).

[7] *Tang, W.*, und *Neill, W.:* Effect of flame retardants on pyrolysis and combustion of α-cellulose. J. Polymer Sci., C: Polymer Symposia (1964) 6, S. 65—81.

[8] *Mack, Ch.*, und *Donaldson, D.:* Effect of bases on the pyrolysis of cotton cellulose. Textile Res. J. **37** (1967) S. 1063—1071.

[9] *Hobart, S.*, *Berni, R.*, und *Mack, Ch.:* Thermal investigation of diethylaminoethyl-substituted cotton cellulose. Textile Res. J. **40** (1970) 12, S. 1079—1086.

[10] *Müller, G.:* Beiträge zur thermischen Analyse von Zellulosefaserstoffen. Dissertation TU Dresden 1970.

[11] *Smith, J.*, *Rawis, H.*, *Felder, S.*, und *Klein, E.:* Thermochemical investigaiton of cotton flame retardance. Textile Res. J. **40** (1970), S. 211—216.

[12] *Arseneau, D.:* Competitive reactions in the thermal decomposition of cellulose. Canad. J. Chem. **49** (1971) 4, S. 632—638.

[13] *Jayme, G.*, und *Roffael, E.:* Einfluß von Natriumhydroxidlösungen verschiedener Konzentration auf die Feinstruktur und die Reaktivität der Zellulose. Papier **23** (1969) 7, S. 405—412.

[14] *Jeffries, R.:* The amorphous fraction of cellulose and its relation to moisture sorption. J. appl. Polymer Sci. **8** (1964) S. 1213—1220.

[15] *Kilzer, E.*, und *Broido, A.:* Speculation on the nature of cellulose pyrolysis. Pyrodynamic **2** (1965) S. 151—163.

[16] *Müller, G.:* Differentialthermoanalytische Untersuchungen an Zellulosefaserstoffen. Wiss. Z. Techn. Univ. Dresden **20** (1971) 3, S. 699—704.

[17] *Halpern, Y.*, und *Patai, S.:* Pyrolytic reactions of carbohydrates. Part 5: Isothermal decomposition of cellulose in vacuo. Israel J. Chem. **7** (1969) S. 673—683.

Eingegangen am 11. Januar 1973.

Untersuchungen zum Kondensationsverlauf bei der Knitterarmausrüstung mit N-Methylolverbindungen

II. Mitt.: Untersuchung der Reaktionsprodukte von Vorkondensaten[1][2]

Iris Günther, Hector de la Torre[3]) *und Hans-Joachim Flath*

Technische Universität Dresden, Sektion Chemie

DK 677.1/.2:677.4:677.862.221677.862.511.21 547.495.2:547.421

Die Bestimmung der bei der Kondensation von N-Methylolverbindungen (N-Halbacetale) nebeneinander entstehenden charakteristischen Acetalbindungen O,O-Acetal, O,N-Acetal, N,N-Acetal ist mit Schwierigkeiten verbunden, da die verschiedenen Acetalbindungen nur unter spezifischen Bedingungen ein geringes unterschiedliches chemisches Verhalten zeigen.
Mit Hilfe der alkalischen Hydrolyse bei Raumtemperatur und 80 °C sowie einer sauren Hydrolyse werden die Acetalbindungen bestimmt. Die Oxydation mit Natriumbromit gestattet qualitative Aussagen über den Kondensationsverlauf.

Исследование процесса конденсации при несминаемой отделке N-метилольными соединениями.
II. Исследование продуктов реакции предконденсатов

Определение образующихся в процессе конденсации N-метилольных соединений (N-полуацеталей) характерных ацетальных связей: O,O-, O,N- и N,N-связи связано с затруднениями, ввиду того, что различные ацетальные связи можно химически различать лишь в специфических условиях. Проведено определение ацетальных связей при помощи щелочного гидролиза при комнатной температуре и 80 °C а также методом гидролиза в кислой среде. Окисление бромитом натрия дает возможность получить качественную информацию о ходе процесса конденсации.

Investigations on the Condensation Process in Wrinkle Recovery Finishing with N-methylol Compounds
2nd Comm.: Investigation of the Reaction Products in Precondensates

The determination of characteristic acetal linkages formed simultaneously during the condensation of methylol compounds (N-semiacetals), as O,O-acetals, O,N-acetals and N,N-acetals, meets with difficulties, since these acetal linkages show only little differences in chemical response under selected conditions. The acetal linkages were determined by alkaline hydrolysis at room temperature and at 80 °C as well as by acid hydrolysis. The oxydation with sodium bromide provides qualitative information on condensation processes.

[1]) I. Mitt.: Faserforsch. u. Textiltechnik **24** (1973) 4, S. 155—162.
[2]) Auszug aus der Dissertation von *H. de la Torre* und *I. Günther*: Untersuchungen zum Kondensationsverlauf bei der Knitterarmausrüstung mit N-Methylolverbindungen. Technische Universität Dresden 1971.
[3]) Jetzige Anschrift: Laboratorio Central de Investigaciones Textiles, Carretera de Varona Km 1, Havanna, Kuba.

Günther, de la Torre und *Flath:* Untersuchungen zum Kondensationsverlauf bei der Knitterarmausrüstung mit N-Methylolverbindungen. II. Mitt.

1. Untersuchungen an Modellsubstanzen

Mit Hilfe von Modellsubstanzen wurden einige Methoden zur Bestimmung der Acetalbindungen getestet.

In der Tabelle 1 sind die von uns hergestellten Modellsubstanzen verzeichnet. Sie wurden einer alkalischen bzw. sauren Hydrolyse unterworfen und der freigesetzte Formaldehyd mit Cyanid bzw. Dimedon bestimmt. Weiter wurden die Oxydierbarkeit der Modellsubstanzen untersucht.

Die *alkalische Hydrolyse* bei Raumtemperatur (0,5 n NaOH + 0,05 n KCN) führte zu einer quantitativen Abspaltung der Methylolgruppen beider Grundsubstanzen (DMU, DMEU). Auch die verätherten Methylolgruppen des DMU wurden nahezu quantitativ hydrolysiert, die des DMEU sind dagegen beständig (Bild 1).

Zwischen beiden N,O-Acetalbindungen ($-NH-CH_2-O-CH_3$ und $>N-CH_2-O-CH_3$) besteht also ein grundlegender Unterschied. Die N-Alkoxymethylverbindungen, an deren Stickstoffatom kein Wasserstoffatom gebunden ist, haben sich in Gegenwart von Alkalien sowohl in bezug auf die C—N- als auch auf die C—O-Bindung als stabil erwiesen. N-Alkoxymethylverbindungen, die am Stickstoff- noch ein Wasserstoffatom tragen, erleiden in Gegenwart von Alkalien eine hydrolytische Spaltung:

$$R-CO-\underset{\displaystyle H}{\underset{|}{N}}-CH_2-OCH_3 + HO^- \rightleftharpoons R-CO-\overline{N}^{-}-CH_2-OCH_3 + H_2O \quad (1)$$

$$R-CO-\overline{N}^{-}-CH_2-OCH_3 + H_2O \rightleftharpoons R-CO-\overline{N}H + HO-CH_2-O-CH_3 \quad (2)$$

$$R-CO-\overline{N}H + H_2O \rightleftharpoons R-CO-NH_2 + OH^- \quad (3)$$

$$CH_3-O-CH_2-OH \rightleftharpoons CH_3OH + CH_2O \quad (4)$$

Dieser Mechanismus erklärt die Abspaltbarkeit der Alkoxymethylgruppen im alkalischen Medium für den Fall, daß die Verbindung ein Wasserstoffatom besitzt. Bei cyclischen Harnstoffderivaten ist diese Abspaltung nicht möglich. In diesem Fall lassen sich also die Methylolgruppen in Gegenwart von verätherten Derivaten der cyclischen Harnstoffe analytisch erfassen, aber nicht in Anwesenheit von verätherten Derivaten des N-Dimethylolharnstoffes.

Die Dimethylenätherbrücke ($-CH_2-O-CH_2-$) zeigte unter diesen Bedingungen eine geringe CH_2O-Abspaltung (unter 10%).

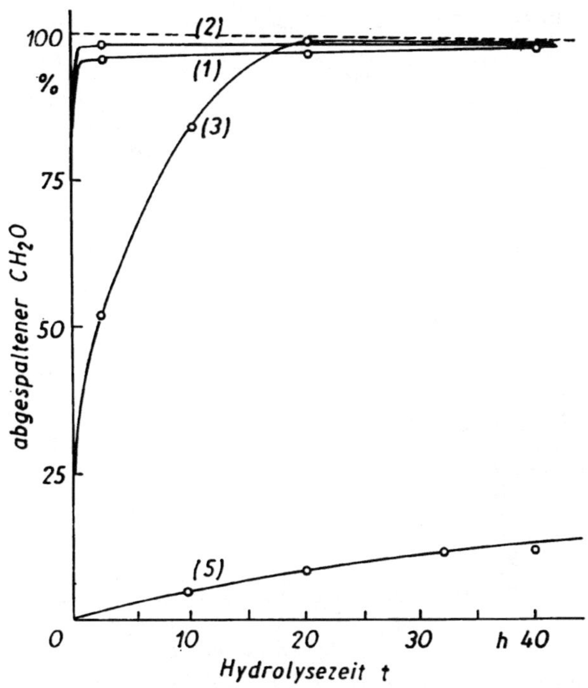

Bild 1. Alkalische Hydrolyse der Modellsubstanzen bei Zimmertemperatur

(1) DMU; (2) DMEU; (3) $DMU(Me)_2$; (5) $(PhC)_2MÄ$

Tabelle 1. Modellsubstanzen

Nr.	Modellsubstanz	Kurzbezeichnung	Reaktive Gruppen		Lit.
1	Dimethylolharnstoff	DMU	Methylolgruppe N-Halbacetal	$-NH-CH_2OH$	[49]
2	Dimethyloläthylenharnstoff	DMEU	Methylolgruppe N-Halbacetal	$>N-CH_2OH$	
3	Dimethylolharnstoffdimethyläther	$DMU(ME)_2$	Verätherte Methylolgruppe N,O-Acetal	$-NH-CH_2OCH_3$	[50]
4	Dimethyloläthylenharnstoffdimethyläther	$DMEU(ME)_2$	Verätherte Methylolgruppe N, O-Acetal	$>N-CH_2OCH_3$	
5	Bis-phenylcarbamidomethyläther	$(PhC)_2MÄ$	Dimethylenätherbrücke N, O-Acetal	$-NH-CH_2-O-CH_2-NH-$ (NH unter CH_2)	[51]
6	Methylenbisphenylharnstoff	$M(PhU)_2$	Methylenbrücke N,N-Acetal	$-NH-CH_2-NH-$	[51]
7	Dimethyloläthylenharnstoff (Polymer)	$(DMEU)_n$	Methylenbrücke N,N-Acetal	$>N-CH_2-N<$	[52]

DMU = Dimethylolharnstoff
DMEU = Dimethyloläthylenharnstoff
$DM(OH)_2EU$ = Dimethyloldihydroxyäthylenharnstoff
DM HET = Dimethylolhydroxyäthyltriazon
ME = Methyläther

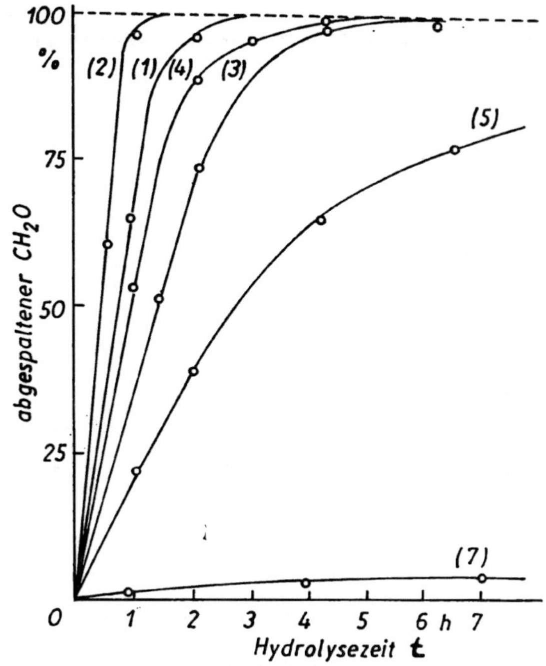

Bild 2. Saure Hydrolyse in Acetatpufferlösung pH 4,6
(1) DMU; (2) DMEU; (3) DMU(Me)$_2$; (4) DMEU(Me)$_2$; (5) (PhC)$_2$MÄ; (7) (DMEU)$_n$

Die Verbindungen (6) und (7) sind gegenüber alkalischen Hydrolysierbedingungen bei normaler Temperatur beständig. Um das chemische Verhalten unter den alkalischen Hydrolysierbedingungen noch weiter zu untersuchen, wurde bei 80 °C die gleiche Untersuchung mit den Substanzen wiederholt, die wenig oder keine Reaktivität bei Zimmertemperatur zeigten.

Die alkalische Hydrolyse bei erhöhter Temperatur verläuft bei $-NH-CH_2-O-CH_3$ und $-NH-CH_2-O-CH_2-NH-$ mit unterschiedlicher Geschwindigkeit quantitativ. $>N-CH_2-N<$ zeigte eine Formaldehydabspaltung, die ungefähr 5% ihres Gesamtformaldehydgehaltes entspricht. Vermutlich werden die endständigen Methylolgruppen unter diesen Bedingungen abgespalten. Die Gruppen $>N-CH_2-O-CH_3$ und $-NH-CH_2-NH-$ sind beständig gegen diese Hydrolyse.

Die *saure Hydrolyse* ergab, daß die N-Halbacetalbindungen von DMEU und DMU quantitativ gespalten werden. Die verätherten Methylolgruppen beider Substanzen sind unter den gegebenen Bedingungen ebenfalls quantitativ erfaßbar (Bild 2).

Auf Grund des Zeitaufwandes der Methode ist es schwierig, eine genaue Einstufung der Hydrolysegeschwindigkeit zu treffen. Nach *Nordhoy* [40] verläuft die saure Hydrolyse der N-Alkoxymethylverbindungen über die Spaltung der C—O-Bindung.

$$>N-\overset{k_2}{\vdots}CH_2-\overset{k_1}{\vdots}O-CH_3 + H_2O \underset{}{\overset{H^+}{\rightleftharpoons}} >N-CH_2-OH + HO-CH_3 \quad (5)$$

$$>N-CH_2-OH \rightleftharpoons >N-H + CH_2O \quad (6)$$

$$k_1 > k_2$$

Tabelle 2. Resultate der analytischen Untersuchung an Modellsubstanzen

Acetalbindung	Alkalische Hydrolyse 20 °C	Alkalische Hydrolyse 80 °C	Saure Hydrolyse 80 °C	Oxydation
$>N-CH_2-OH$	+	+	+	(+)
$-NH-CH_2-OCH_3$	(+)	+	+	(+)
$>N-CH_2-OCH_3$	—	—	+	0
$>N-CH_2-O-CH_2-N<$	(+)	+	(+)	—!
$>N-CH_2-N<$	—!	—!	—!	—!

\+ : quantitativ erfaßbar
(+): reagiert nur teilweise
— : keine Reaktion
—!: da unlösliche Produkte vorliegen, sind diese Aussagen nur bedingt übertragbar
0 : nicht untersucht

Bei dieser Methode wird der Formaldehyd nach der Spaltung der N—C-Bindung bestimmbar ($k_1 > k_2$). Die zu analysierenden N-Methoxymethylolverbindungen sind im sauren pH-Bereich sehr hydrolyseempfindlich und zeigen keinen großen Unterschied zwischen k_1 und k_2. Damit ist die große Geschwindigkeit der Hydrolyse erklärbar, die die verätherten N-Methylolverbindungen zeigen. Die Methylenätherbrücke wurde dagegen auch nach 6 h noch nicht quantitativ gespalten (ungefähr 80%).

Aus vernetztem DMEU ($>N-CH_2-N<$) wurden 5% des gesamten Formaldehyds abgespalten. Die Methylenbrücke (N,N-Acetal) bleibt also während der sauren Hydrolyse erhalten.

Dabei ist aber zu beachten, daß die Modellsubstanzen (5), (6) und (7) wasserunlöslich sind und nur heterogene Reaktionen ablaufen können. Eine Verallgemeinerung ihres Verhaltens ist nicht ohne weiteres möglich, denn die Unlöslichkeit der Modellsubstanzen kann die Hydrolyse hemmen.

Eine Ausnahme bildet die Dimethylenätherbrücke (Substanz 5), die nach einer alkalischen Behandlung von 3 h bei 80 °C quantitativ gespalten wurde.

Die Oxydation führte nicht zu typischen Ergebnissen. Die Tabelle 2 faßt die Ergebnisse zusammen.

2. *Untersuchungen von Reaktionsprodukten auf dem Gewebe*

Die Übertragung der an den Monomeren und an den Modellsubstanzen getesteten Analysemethoden auf das ausgerüstete Gewebe geschah mit dem Ziel:

verschiedene Bindungszustände zu erfassen,
die Abhängigkeit dieser Ergebnisse von den Kondensationsbedingungen zu untersuchen.

Die Kondensation erfolgte bei DMU unter dem Einfluß von 5 g/l NH_4NO_3, bei den Reaktantprodukten unter Zusatz von 10% $Mg(NO_3)_2 \cdot 6H_2O$, bezogen auf die Vorkondensatmenge. Die Konzentration der Flotte betrug 250 bzw. 200 g/l an Handelsprodukt. Die Anwendung von Hilfsmitteln wurde vermieden. Die Ausrüstungen erfolgten auf Oberhemdpopeline OP-2. Die

Proben wurden vor und nach einer Feinwäsche bei 40 °C untersucht, nachdem die fein zerschnittenen Muster ca. 24 h klimatisiert worden waren.

Wir benutzten vor allem die verschiedenen Hydrolyseverfahren zur Untersuchung. Die hydrolytischen Spaltungen der mit N-Methylolen ausgerüsteten Gewebe sind Gleichgewichtsreaktionen (Rückreaktionen der α-Ureidomethylierung), die auf Grund der Verdünnung des Hydrolysemediums in Richtung der Ausgangsprodukte verschoben werden. Wenn die abgespaltenen Produkte (hauptsächlich CH_2O) rasch und quantitativ aus der Mischung entfernt werden, verläuft die Reaktion noch schneller und Nebenreaktionen werden vermieden.

2.1. Alkalische Hydrolyse bei Raumtemperatur

Steele und *Gidding* [41] sowie *Bredereck* [42] untersuchten den Einfluß alkalischer Lösungen (0,5 n NaOH) auf das mit DMU ausgerüstete Gewebe. Mit der Cyanidmethode von *de Jong* bestimmten sie die Gruppe $>N-CH_2-OR$ (R=H; Glucose) direkt und die Gruppe $>N-CH_2-N<$ aus der Differenz zum Gesamtformaldehyd.

Metha u. a. [43, 44] unterwarfen DMU- und DMEU-ausgerüstetes Baumwollgewebe einer alkalischen Hydrolyse. Der aus den Methylolgruppen entstehende Formaldehyd wurde mit Chromotropsäure kolorimetrisch bestimmt.

Bei der DMEU-Ausrüstung fanden sie, daß nach der alkalischen Hydrolyse bei Raumtemperatur die Knitterwinkel unverändert blieben. Daraus zogen sie den Schluß, daß unter diesen Bedingungen bei der DMEU-Ausrüstung nur die freien Methylolgruppen, bei der mit DMU dagegen auch die Bindungen zur Cellulose gespalten werden.

Dagegen nimmt *Bredereck* an, daß die Verminderung der Trockenknitterwinkel nach der alkalischen Behandlung kein Nachweis der Bindung mit der Cellulose sei, sondern nur auf eine Verminderung der eingelagerten Harzmenge zurückzuführen ist und damit auf eine Verringerung der Wasserstoffbrücken zwischen Harz und Cellulose schließen läßt. Diese Methode wurde von uns nachgearbeitet.

Das Bild 3 zeigt für die Reaktantausrüstungen in der Anfangsperiode der Hydrolyse eine schnelle Reaktion, die von einem sehr leicht spaltbaren Anteil der Ausrüstung zeugt. Nach Verlängerung der Hydrolysezeit wird der Formaldehyd sehr langsam abgespalten oder die Werte bleiben konstant. Bei der DMU-Ausrüstung

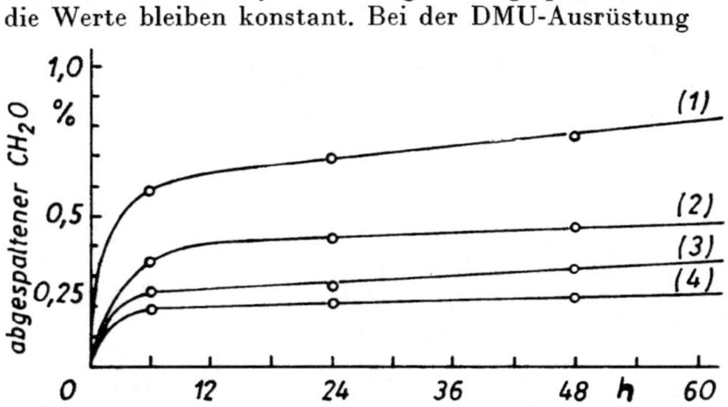

Bild 3. Behandlung ausgerüsteter Gewebe (4 min; 150 °C) mit 0,5 n NaOH
(1) DMU; (2) $DM(OH)_2EU$; (3) DMHET; (4) DMEU

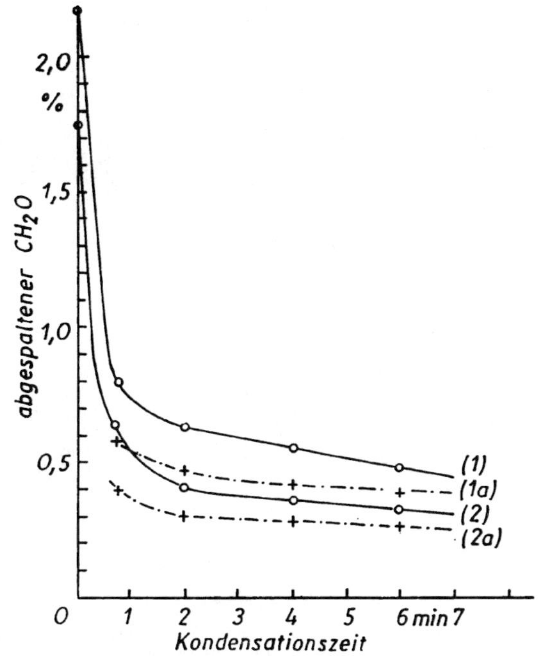

Bild 4. Beziehung zwischen Kondensationszeit und nicht umgesetzten Methylolgruppen
250 g/l Handelsprodukt; $\vartheta_{Kond.}$ 150 °C;
(1) $DM(OH)_2EU$ } a) ungewaschen; b) gewaschen
(2) DMEU }

tritt ebenfalls eine rasche Anfangsreaktion auf, die Abspaltung des Formaldehyds in der zweiten Periode erfolgt aber schneller als bei den Reaktanttypen.

Die Untersuchung der Trockenknitterwinkel der ausgerüsteten Gewebe vor und nach einer alkalischen Behandlung von 24 h ergab nur bei der Kunstharzappretur eine Erniedrigung der TKW.

Nach diesen Ergebnissen und auf Grund der Resultate an den Modellsubstanzen nehmen wir an, daß bei einer alkalischen Behandlung der Reaktantausrüstung bei Raumtemperatur nur die nicht umgesetzten Methylolgruppen abgespalten und als Formaldehyd bestimmt werden.

Bei der Kunstharzausrüstung mit DMU werden entsprechend der Feststellung von *Steele* nicht nur die freien Methylolgruppen abgespalten, sondern auch die Bindungen mit der Cellulose gelöst.

Das Bild 4 zeigt den Einfluß der Kondensationszeit auf den Gehalt an nichtumgesetzten Methylolgruppen. Daraus ist zu ersehen, daß bei DMEU während der Trocknung der imprägnierten Ware eine bestimmte Kondensation auftritt. Der abspaltbare Formaldehyd stimmt nach dem Trocknen nicht mehr mit dem Gesamtformaldehyd überein, was bei $DM(OH)_2EU$ jedoch der Fall ist.

Das Bild 5 zeigt den Einfluß der Kondensationstemperatur auf den Gehalt an freien Methylolgruppen. Wieder zeigt sich die Reaktivität von DMEU, die teilweise schon bei der Trocknung einsetzt. Bei relativ niedriger Temperatur tritt bereits eine sehr schnelle Kondensation auf. Bei niedrigen Temperaturen ist die Abhängigkeit von der Kondensationszeit größer als bei höheren, da die Kondensationstemperatur nur zögernd erreicht wird und anfangs eine unvollkommene Kondensation eintritt.

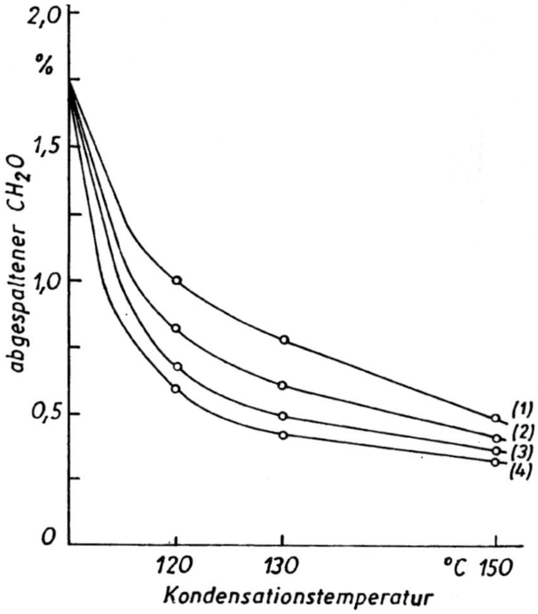

Bild 5. Beziehung zwischen Kondensationstemperatur und nicht umgesetzten Methylolgruppen bei DMEU; 250 g/l Carbamol ZEM; $t_{\text{Kond.}}$: (1) 1 min; (2) 2 min; (3) 4 min; (4) 6 min;

2.2. Alkalische Hydrolyse von DMEU-Ausrüstungen bei 80 °C

Um das Problem der alkalischen Hydrolyse weiter zu untersuchen, haben wir die mit DMEU ausgerüsteten Muster bei verschiedenen Temperaturen hydrolysiert (Bild 6).

Bei 80 °C erhält man schon nach 3 h konstante Endwerte. Es muß sich hierbei um die Hydrolyse eines neuen Bestandteiles handeln. Die Hydrolyse bei 80 °C verläuft ähnlich der bei Raumtemperatur. Die Differenz im Gehalt des abgespaltenen Formaldehyds wird mit steigender Kondensationszeit bzw. Kondensationstemperatur kleiner (Bild 7, Tabelle 3). Diese Differenz könnte theoretisch zwei Ursachen haben:

a) Ein bestimmter Bestandteil der Ausrüstung wird während der Kondensation in einen anderen umgewandelt.

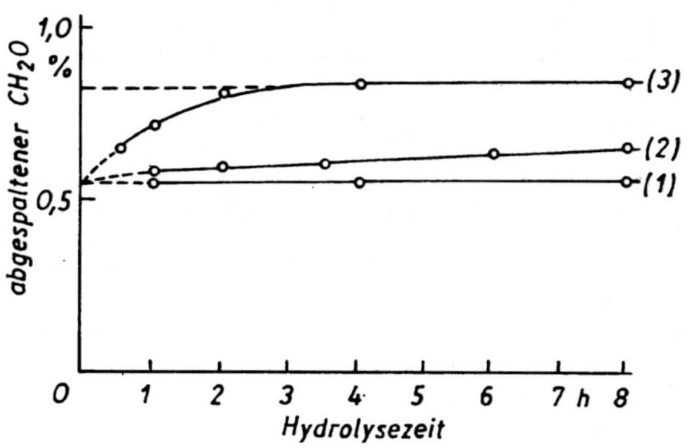

Bild 6. Alkalische Hydrolyse von DMEU-ausgerüstetem Gewebe; 250 g/l Carbamol ZEM; $t_{\text{Kond.}}$ 1 min; $\vartheta_{\text{Kond.}}$ 130°3; $\vartheta_{\text{Hydr.}}$: (1) 20 °C; (2) 50 °C; (3) 80 °C

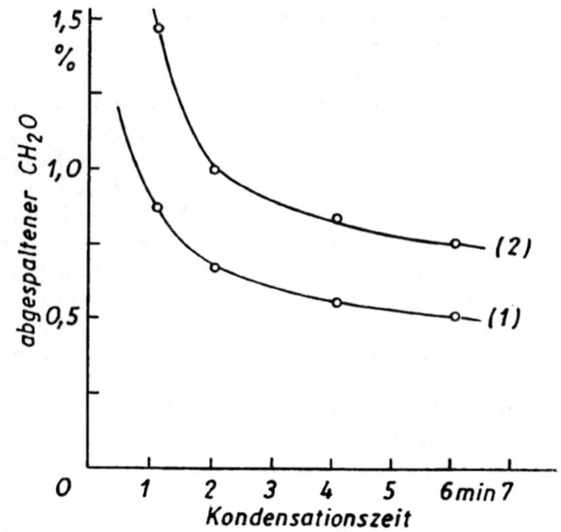

Bild 7. Alkalische Hydrolyse des mit 250 g/l Carbamol-ZEM-ausgerüsteten Baumwollgewebes $\vartheta_{\text{Kond.}}$ 130 °C; $\vartheta_{\text{Hydr.}}$: (1) 20 °C; (2) 80 °C

Tabelle 3. Ergebnisse der alkalischen Hydrolyse von mit DMEU ausgerüstetem Baumwollgewebe (Angaben in %)

Kondensationszeit min	Abgespaltener CH_2O bei 80 °C (a)	Abgespaltener CH_2O bei 20 °C (b)	Differenz (a—b)	Gesamt-CH_2O
1	1,48	0,87	0,61	4,12
2	1,0	0,68	0,32	4,08
4	0,86	0,57	0,29	3,87
6	0,77	0,52	0,25	3,80

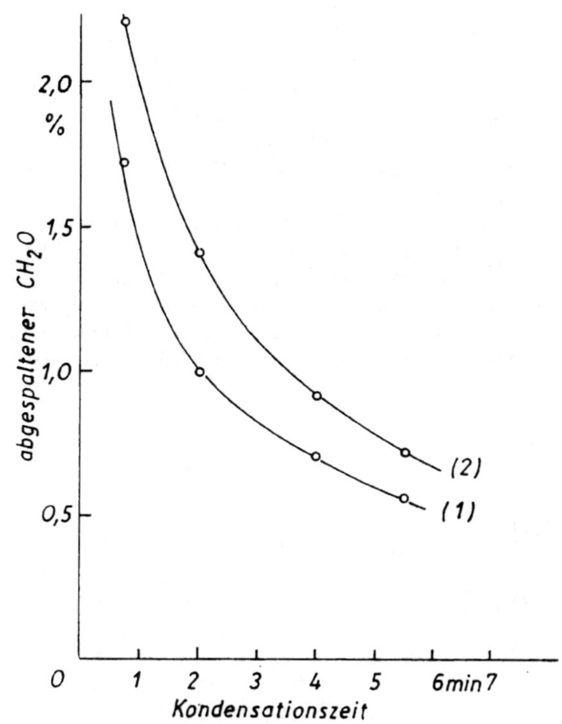

Bild 8. Alkalische Hydrolyse des mit 250 g/l Carbamol-ZEM-ausgerüsteten Viskosefasergewebes $\vartheta_{\text{Kond.}}$ 130 °C; $\vartheta_{\text{Hydr.}}$: (1) 20 °C; (2) 80 °C

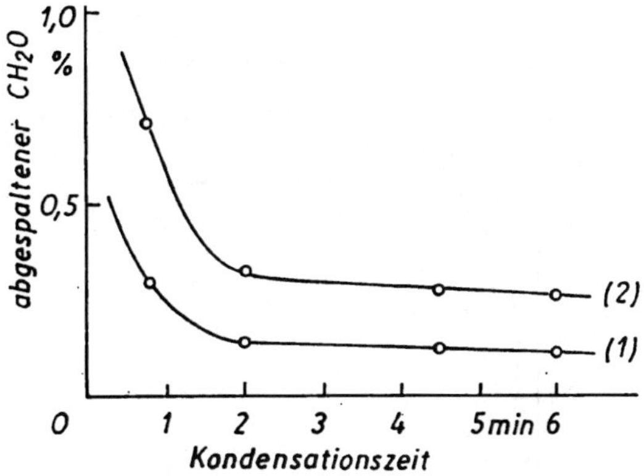

Bild 9. Alkalische Hydrolyse des mit 500 g/l Carbamol-ZEM-ausgerüsteten Glasseidengewebes
$\vartheta_{Kond.}$ 130 °C; $\vartheta_{Hydr.}$: (1) 20 °C; (2) 80 °C

b) Die Abspaltung von Methylolgruppen, die auf Grund einer gewissen Unzugänglichkeit der Cellulose bei der alkalischen Behandlung bei Raumtemperatur schwer abspaltbar sind.

Um die zweite Möglichkeit zu untersuchen, wurde Viskosefasergewebe unter den gleichen Bedingungen ausgerüstet und alkalisch hydrolysiert.

Viskosefasern besitzen einen geringeren Kristallinitätsgrad und größere Quellbarkeit als Baumwolle. Deshalb muß die Viskosefaser hydrolytisch besser zugänglich sein als Baumwolle (Bild 8).

Die höheren Absolutwerte für die Viskose resultiert aus dem größeren Abquetscheffekt.

Um festzustellen, ob die alkalisch abspaltbaren Anteile an die Cellulose gebunden sind oder eine Eigenvernetzung vorliegt, wurde ein Glasseidengewebe mit DMEU ausgerüstet und unter gleichen Bedingungen kondensiert und analysiert. Das Verhalten des ausgerüsteten Glasseidengewebes ist dem des ausgerüsteten Viskose- und Baumwollgewebes sehr ähnlich (Bild 9). (Die Absolut-Werte sind kleiner auf Grund des geringen Abquetscheffektes von 25%.)

Damit wurde nachgewiesen, daß der bei 80 °C alkalisch abspaltbare Anteil nicht an die Cellulose gebunden ist. Andererseits haben wir festgestellt, daß im Carbamol ZEM-Vorkondensat der Gesamtformaldehyd durch die alkalische Hydrolyse nicht erfaßt wurde und ein gegen alkalische Hydrolyse bei Raumtemperatur beständiger Anteil vorliegt.

Auf Grund der gesamten Ergebnisse wurde angenommen, daß der bei 80 °C hydrolysierte Anteil aus Dimethylenätherbrücken ($-CH_2-O-CH_2-$) besteht. Dies stimmt auch mit den Untersuchungen an Modellsubstanzen überein. Während der Kondensation wird die Dimethylenätherbrücke in eine beständigere Verbindung umgewandelt:

$$>N-CH_2-O-CH_2-N< \;\rightarrow\; >N-CH_2-N< + CH_2O.$$

2.3. Alkalische Hydrolyse von DM(OH)₂ EU-Ausrüstungen bei 80 °C

Bei der $DM(OH)_2EU$-Ausrüstung betrugen die Werte des abgespaltenen CH_2O bei 80 °C bis 50% des Gesamtformaldehyds. Am Anfang der Untersuchung vermuteten wir, daß der große KCN-Verbrauch bei der Hydrolyse der $DM(OH)_2EU$-Ausrüstung auf eine Ringspaltung des cyclischen Harnstoffes zurückzuführen sei. Durch die Ringspaltung würde Glyoxal frei und dieses mit dem KCN umgesetzt werden.

Zur Bestätigung dieser Annahme wurde das Vorkondensat mit der alkalischen KCN-Lösung bei 80 °C behandelt, es wurde aber fast kein Unterschied im KCN-Verbrauch gefunden.

Hydrolyse bei 20 °C	9,68% als CH_2O,
Hydrolyse bei 80 °C	10,1 % als CH_2O.

Es wurde beobachtet, daß sich die alkalische Lösung bei 80 °C tief braun färbt. Nach *Petersen* [19] entspricht die Braunfärbung einer Ringspaltung und dem Ablaufen unbekannter Reaktionen. Das abgespaltene Glyoxal disproportioniert in dem stark alkalischen Medium rasch:

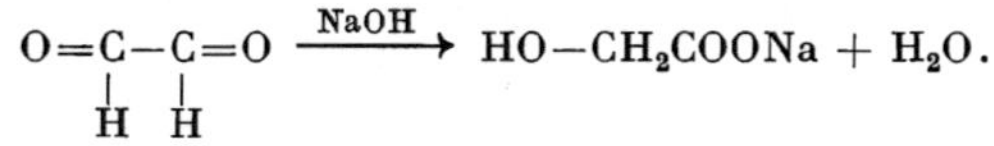

Es reagiert also nicht mit dem KCN unter Cyanhydrinbildung. *Gonzales* und *Benerito* [45] haben nachgewiesen, daß die Hydroxylgruppen des Ringes bei $DM(OH)_2EU$ unter Kondensationsbedingungen reaktionsfähig sind. Das Reaktionsprodukt des Vorkondensates mit der Cellulose könnte also folgendermaßen aussehen:

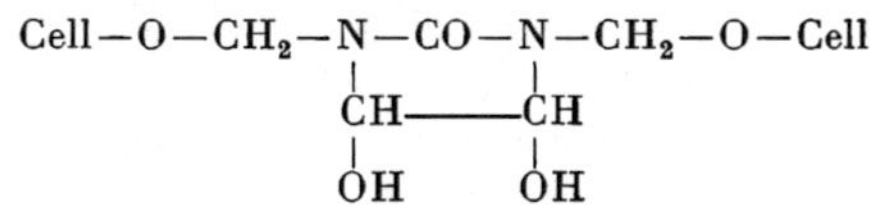

(A)

oder

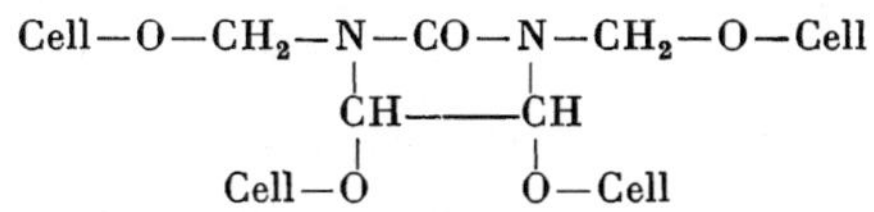

(B)

Im Zustand (A) kann die N—C-Bindung im Ring bei der alkalischen Hydrolyse gespalten werden. Die Reaktion kann nach dem Mechanismus für die basische Dissoziation der N-Methylolverbindungen verlaufen [43], da ($>N-CH_2-OH$) und ($>N-CH-OH$) sehr ähnliche Gruppierungen sind. Der Zustand (B) muß alkalisch beständig sein, da keine OH-Gruppen enthalten sind. Aus diesem Grund ist theoretisch der Zustand (A) gegenüber Alkali empfindlicher als der Zustand (B).

Die gesamte Hydrolyse kann folgendermaßen aussehen:

Zustand (A)

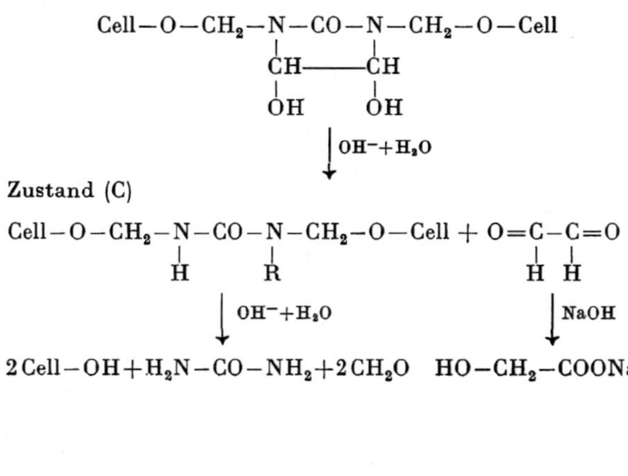

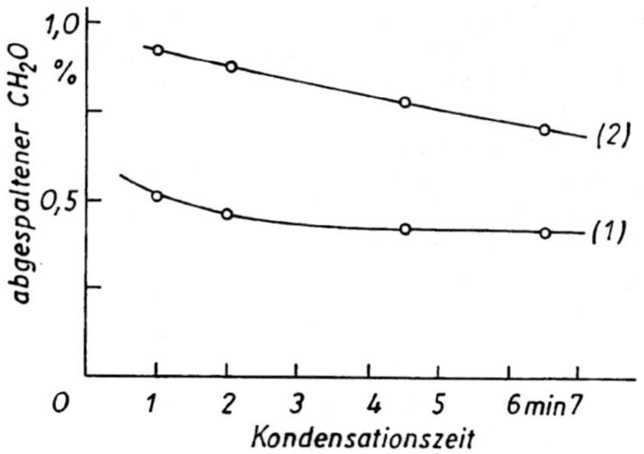

Bild 10. Beziehung zwischen Kondensationszeit und alkalischer Hydrolyse der $DM(OH)_2EU$-Ausrüstung
200 g/l React HE; $\vartheta_{Kond.}$ 150 °C;
$\vartheta_{Hydr.}$ (1) 20 °C |
(2) 80 °C

Der Zustand (C) ist ebenfalls hydrolyseempfindlich und kann Formaldehyd leicht abspalten. Die alkalische Hydrolyse bei 80 °C kann für die Charakterisierung des Zustandes (A) und (B) nützlich sein. Die Endwerte nach 6 h Behandlung lassen eine quantitative Aussage zu (aber keine über das Auftreten von Konkurrenz- oder Nebenreaktionen).

Die Beziehung zwischen Kondensationsbedingungen und alkalischer Hydrolyse bei 80 °C wurden an einer $DM(OH)_2EU$-Ausrüstung untersucht (Bild 10).

Obwohl die Zeitabhängigkeit nicht sehr groß ist, sinkt die Differenz zwischen dem abgespaltenen CH_2O bei 80 °C und Zimmertemperatur ab. Das bedeutet, daß sich das Produkt der Kondensationsreaktion bei längerer Kondensationszeit dem Zustand (B) nähert.

2.4. Saure Hydrolyse von DMEU-Ausrüstungen

Die Untersuchungen an Modellsubstanzen zeigten, daß die N-Alkoxymethylverbindungen von cyclischen Harnstoffen ($>N-CH_2-O-R$) gegen die alkalische Hydrolyse recht beständig, gegen die saure aber sehr empfindlich sind. Auch nach Literaturangaben [46, 47] ist die Ausrüstung mit DMEU sehr empfindlich gegen die saure Hydrolyse.

Um die Beständigkeit der Bindung zwischen N-Methylolverbindung und Cellulose zu charakterisieren, wurde die saure Hydrolyse des ausgerüsteten Cellulosegewebes untersucht. Nach der alkalischen Hydrolyse wurden die Proben mit einer Acetatpufferlösung, pH = 6, schnell neutralisiert und gründlich gespült. Die saure Hydrolyse wurde mit Acetatpufferlösung +5 g/l Dimedon im Flottenverhältnis 1:50 durchgeführt. Das

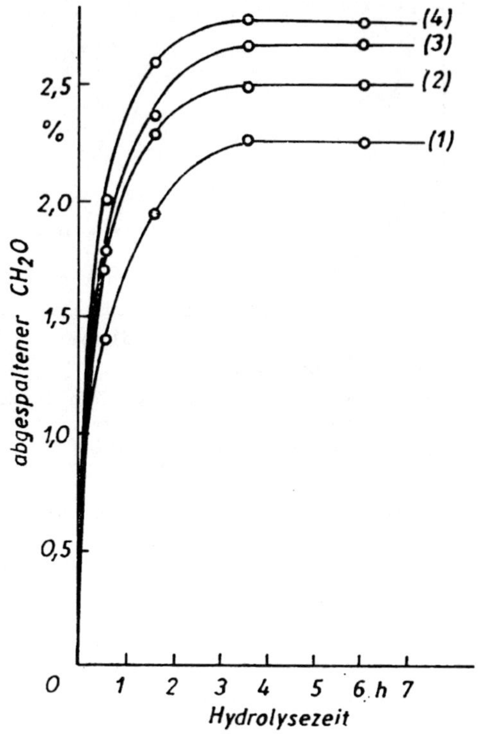

Bild 11. Saure Hydrolyse bei 80 °C; pH 4,6
250 g/l Carbamol ZEM; $\vartheta_{Kond.}$ 150 °C;
$t_{Kond.}$: (1) 0,45 min; (2) 1,5 min; (3) 4 min; (4) 6 min

Methylendimedon wurde von den Proben quantitativ abgetrennt und die methanolische Lösung mit 0,05 n NaOH potentiometrisch titriert. Das Bild 11 zeigt, daß bei 80 °C und pH = 4,6 konstante Endwerte erreicht werden. Da die Gruppe $>N-CH_2-O-R$ gegen die saure Hydrolyse sehr empfindlich ist, müßte sie unter den herrschenden Bedingungen gesprengt werden. Unserer Meinung nach wird die $>N-CH_2-N<$-Bindung nicht hydrolysiert.

Bei den Modellsubstanzen (6) und (7) trat keine Hydrolyse auf, aber auf Grund ihrer Wasserunlöslichkeit sind die Resultate nur bedingt übertragbar. Dagegen fand *Bredereck* [42] bei einer Modellsubstanz mit der ($-NH-CH_2-NH-$)-Bindung unter den gleichen Bedingungen eine langsame Formaldehydabspaltung. Außerdem fanden wir, daß die Summe des im sauren und alkalischen Medium abgespaltene Formaldehyds den Gesamtformaldehydgehalt nicht erreicht (Tabelle 4). Das bedeutet, daß ein gegen die saure Hydrolyse beständiger Anteil erhalten bleibt, der von den Konden-

Tabelle 4. Ergebnisse der Hydrolyse von mit DMEU ausgerüstetem Gewebe (Angaben in %)

Kondensationszeit min	Abgespaltener CH_2O alkalisch bei 80 °C (a)	Abgespaltener CH_2O sauer bei 80 °C (b)	Summe (a + b)	Gesamt-CH_2O (c)	Differenz (c − a − b)
0,75	0,53	2,26	2,79	3,0	0,21
1,5	0,45	2,55	3,00	3,39	0,39
4,0	0,39	2,68	3,07	3,54	0,47
6,0	0,30	2,90	3,20	3,78	0,58

250 g/l Handelsprodukt; Kondensationstemperatur 150 °C

sationsbedingungen abhängig ist. Man kann nicht annehmen, daß dieser unter den experimentellen Bedingungen gegen saure Hydrolyse beständige Anteil mit dem ($>N-CH_2-N<$)-Gehalt quantitativ übereinstimmt, aber es dürfte ein relatives Maß für die Eigenvernetzung der DMEU-Ausrüstung unter verschiedenen Kondensationsbedingungen darstellen. Kontrolluntersuchungen zur Formalisierung des Gewebes bei der DMEU-Ausrüstung ergaben, daß diese nur in untergeordnetem Maße erfolgt. Des weiteren konnten wir feststellen, daß die Bindung

$$\text{Cell}-O-CH_2-O-\text{Cell}$$

gegen diese Form der Hydrolyse sehr beständig ist.

2.5. *Saure Hydrolyse von $DM(OH)_2$ EU-Ausrüstungen*

Die Spaltung von $DM(OH)_2EU$-Ausrüstungen erfolgt im sauren Medium außerordentlich langsam. Auch eine Erniedrigung des pH-Wertes brachte keine Beschleunigung. Beim pH = 1,5 wird das Dimedon zerstört, so daß eine Verfolgung der Hydrolyse nicht mehr möglich ist.

2.6. *Weitere Untersuchungen am Gewebe*

Zur *Bestimmung des Gesamtformaldehyds* wurde die kolorimetrische Chromotropsäure-Methode angewendet, wobei wir uns nach der Vorschrift von *Kleinert* und *Bauer* [13] richteten. Man hydrolysiert das Gewebe mit einer 85%igen Phosphorsäure in Gegenwart der Chromotropsäure bei 80 °C. Dieses Verfahren ist für Serienanalysen sehr gut geeignet. Zur *Stickstoffbestimmung nach Kjeldahl* wurde mit konzentrierter Schwefelsäure (FV 1:40) und einem Katalysatorgemisch (80%) aus $CuSO_4/K_2SO_4/HgO/Hg$ aufgeschlossen. Mit der Verschärfung der Kondensationsbedingungen steigt der Formaldehydgehalt der gewaschenen Muster an, der der ungewaschenen sinkt. Die Zunahme des Stickstoffgehaltes der gewaschenen Proben ist geringer.

Unter *dem freien Formaldehyd auf dem Gewebe* versteht man den adsorptiv an die Faser gebundenen Formaldehyd und die leicht hydrolysierbaren Methylolgruppen, die beide zur Geruchsbelästigung während der Lagerung und der Konfektion führen. Die Anwesenheit des freien Formaldehyds läßt sich auf einseitig an die Cellulose gebundene Vernetzermoleküle oder Endgruppen des eingelagerten Harzes zurückführen. Auch Umlagerungen unter Abspaltung von Formaldehyd während der Lagerung führen zur Entstehung des freien Formaldehyds. Mittels der alkalischen Hydrolyse bei 20 °C werden diese Bestandteile erfaßt. Will man Absolutwerte des Methylengruppengehaltes erzielen, muß der adsorbierte Formaldehyd bestimmt werden.

Nach *Howard* [48] werden die Gewebeproben mit einem Alkohol/Wasser-Gemisch bei Raumtemperatur extrahiert und der Formaldehyd mit Hydroxylaminhydrochlorid umgesetzt. Die nach der Gleichung

$$CH_2O + NH_2OH \cdot HCl \rightarrow H_2C{=}NOH + H_2O + Cl^- + H^+$$

entstehende Säure wird potentiometrisch titriert. Durch diese Behandlung können nur der adsorptiv gebundene Formaldehyd und lösliche Monomere bestimmt werden. Methylolgruppen einseitig an die Cellulose gebundener Vernetzermoleküle bzw. Endgruppen dürften in dem neutralen Extraktionsgemisch nicht hydrolysiert werden.

Aus der Tabelle 5 geht hervor, daß mit steigender Kondensationstemperatur bzw. -zeit der Gehalt an freiem Formaldehyd abnimmt. Erwartungsgemäß sind die Werte nach der ersten Wäsche niedriger, da nichtumgesetztes Reagens entfernt wird. Bei den gewaschenen Mustern ist der Gehalt an adsorbiertem Formaldehyd minimal. $DM(OH)_2EU$ als reaktionsträgere Substanz enthält mehr freie Methylolgruppen als DMEU.

Oxydationsversuche am Gewebe

Die auf Grund der Vorversuche am Kunstharzvorkondensat ermittelten günstigen Bedingungen wurden auf die Oxydationsversuche am Gewebe übertragen.

Zur Oxydation mit Natriumbromit wurden für 200 mg Gewebe 25 ml einer Lösung von ca. 8 g aktiven $NaBrO_2$/l bei einem pH 12 eingesetzt. Die Reaktion wurde bei 30 und 50 °C durchgeführt. Es wurde der Oxydationsverlauf in Abhängigkeit von den Kondensationsbedingungen verfolgt.

Die Oxydierbarkeit der ausgerüsteten Gewebe sinkt mit der Verschärfung der Kondensationsbedingungen (Bild 12). Auch die Oxydationstemperatur spielt eine Rolle.

Der Oxydationsmittelverbrauch der Natriumbromit-Oxydation bei 50 °C ist für $DM(OH)_2EU$ größer als auf Grund des Formaldehydgehaltes erwartet wurde. Die zusätzlich verbrauchte Sauerstoffmenge sinkt mit Verschärfung der Kondensationsbedingungen bei konstantem Methylolgruppengehalt.

Bei einem geringen Kondensationsgrad muß man annehmen, daß die Cellulose für Chemikalien noch zugänglich ist und einer gewissen Oxydation unterliegen

Tabelle 5. Gehalt an abspaltbarem und adsorbiertem Formaldehyd in Abhängigkeit von den Kondensationsbedingungen (Angaben in %)

Kond.-zeit	250 g/l Carbamol ZEM								$t_{Kond.}$ 150 °C			
	$t_{Kond.}$ 130 °C				$t_{Kond.}$ 150 °C				250 g/l React HE			
	abspaltbar		adsorb. FA		abspaltbar		adsorb. FA		abspaltbar		adsorb. FA	
(min)	o. W	1. W.	o. W.	1. W.	o. W.	o. W.	o. W.	1. W.	o. W.	1. W.	o. W.	1. W.
0,75	1,04	0,58	0,06	0,02	0,56	0,48	0,05	0,02	0,99	0,89	0,09	0,02
1,5	0,72	0,5	0,05	0,02	0,48	0,39	0,03	0,02	0,88	0,73	0,06	0,02
4,0	0,57	0,42	0,05	0,01	0,46	0,30	0,03	0,02	0,73	0,66	0,09	0,02
5,0	0,55	0,40	0,05	0,01	0,39	0,29	0,02	0,01	0,61	0,54	0,05	0,01

o. W.: ungewaschen; 1. W.: 1 × gewaschen bei 40 °C

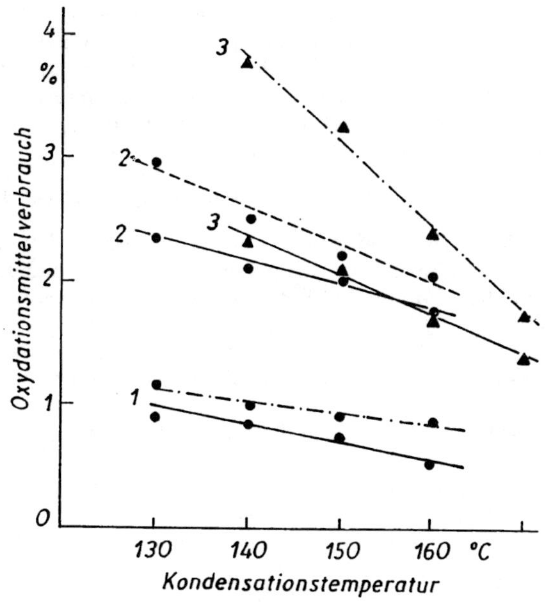

Bild 12. Natriumbromitverbrauch in Abhängigkeit von der Kondensationstemperatur

200 g/l Handelsprodukt: pH$_{Oxyd.}$ 12;
(1) Carbamol ZEM; $\vartheta_{Oxyd.}$ 30 °C
(2) Carbamol ZEM; $\vartheta_{Oxyd.}$ 50 °C
(3) React HE; $\vartheta_{Oxyd.}$ 50 °C
-·-·- 1 min; ---- 2 min; —— 7 min kondensiert.

kann. Mit steigender Kondensation muß die Oxydierbarkeit der Cellulose stark abnehmen, so daß man sie vernachlässigen kann.

Die Abnahme des zusätzlichen Sauerstoffverbrauches mit der Erhöhung der Kondensationstemperatur läßt sich damit erklären, daß die ringständigen Hydroxylgruppen des DM(OH)$_2$EU erst bei höheren Temperaturen mit der Cellulose reagieren und dann für Oxydationsreaktionen nicht mehr zugänglich sind. Bestätigt wird dies durch die Tatsache, daß sich bei konstantem Gesamt- und Methylolformaldehydgehalt der Naßknitterwinkel kaum, der Trockenknitterwinkel stärker mit der Kondensationstemperatur ändern (s. III. Mitt.). Die Oxydation bei 30 °C am DM(OH)$_2$EU ausgerüsteten Gewebe erfaßt einen Formaldehydgehalt, der zwischen dem bei 20 und bei 80 °C alkalisch hydrolysierbaren liegt. Im Gegensatz dazu übersteigt der Sauerstoffverbrauch am DMEU-ausgerüsteten Gewebe den für den Formaldehydgehalt (bei 80 °C alkalisch hydrolysiert) berechneten. Auch die Oxydation bei 50 °C erfaßt nicht den Gesamtformaldehydgehalt der DMEU-Ausrüstung.

Mit Hilfe der Natriumbromitoxydation lassen sich Angaben über die Zunahme der Kondensation machen. Die Oxydierbarkeit fällt mit steigender Kondensationszeit und -temperatur. Quantitative Aussagen sind nicht möglich, da nicht eindeutig gesagt werden kann, welche Gruppen des ausgerüsteten Gewebes oxydiert werden.

Zusammenfassung

1. Anhand von Modellsubstanzen wurde die Beständigkeit der verschiedenen Acetalverbindungen gegen saure und alkalische Hydrolyse und Oxydation untersucht. Es zeigte sich, daß sie durch die Beständigkeit gegenüber bestimmten Hydrolysierbedingungen zu charakterisieren sind.

   Die Oxydation führte nicht zu typischen Ergebnissen

2. Die Untersuchungen am ausgerüsteten Gewebe gestatten Aussagen über die verschiedenen Bindungszustände zwischen Vernetzer und Cellulose.

   Freie Methylolgruppen auf dem Gewebe sind durch alkalische Hydrolyse bei 20 °C bestimmbar.

   Die Dimethylenätherbrücke der DMEU-Ausrüstung ist durch alkalische Hydrolyse bei 80 °C annähernd quantitativ zu erfassen.

   Die Bindung zwischen N-Methylolgruppe und Cellulose ist für die DMEU-Ausrüstung durch saure Hydrolyse bei 80 °C quantitativ zu bestimmen. Eine Aussage über die Eigenvernetzung ($>N\text{-}CH_2\text{-}N<$) ist bedingt möglich.

   Die alkalische Hydrolyse der DM(OH)$_2$EU-Ausrüstung bei 80 °C charakterisiert die Vernetzung der ringständigen Hydroxylgruppen mit der Cellulose.

   Die Oxydation des veredelten Gewebes mit Natriumbromit zeigt, daß mit steigendem Kondensationsgrad die Oxydierbarkeit abnimmt. Es ist zu erkennen, daß die Ringhydroxylgruppen mit der Temperatursteigerung vernetzen. Der Sauerstoffverbrauch kann den Acetalbindungen nicht eindeutig zugeordnet werden.

Literatur

[1 bis 39] s. Faserforsch. u. Textiltechnik **24** (1973) 4, S. 155–162.

[40] *Nordhoy, F.*, und *Ugelstad, J.:* The acid hydrolysis of alkoxymethylureas. Acta chem. Scand. **13** (1959), S. 864–868.

[41] *Steele, R.*, und *Giddings, E.:* Reaction of cellulose with dimethylol and monomethylolureas. Ind. engng. Chem. **48** (1956) S. 110–114.

[42] *Bredereck, K.:* Über die Knitterfestausrüstung von Cellulose. Melliand Textilber. **45** (1964) S. 1380–1384.

[43] *Metha, P. C.*, und *Metha, R. D.:* Reaction of dimethylolurea with cotton. Textile Res. J. **30** (1960) S. 524–532.

[44] *Metha, P. C.*, und *Mody, R.:* Reaction of dimethylolethylenurea with cotton. Textile Res. J. **30** (1960) S. 532–539.

[45] *Gonzales, E.*, und *Benerito, R.:* Effect of the catalyst upon the physical and chemical properties of cotton cellulose finished with derivates of ethylenurea. Textile Res. J. **35** (1965) S. 168–178.

[46] *Reeves, W.*, *Vail, S. L.*, und *Frick, G. L.:* Electronic effects of substituent groups upon acid hydrolysis of amido-methylol-finishes of cotton. Textile Res. J. **32** (1962) S. 305–312.

[47] *Kottes, A.*, *Arcenaux, R. L.*, *Frick, J. G.*, und *Reid, J. D.:* Hydrolysis resistance of cross-linking finishes for cotton. Textile Res. J. **32** (1962) S. 489–498.

[48] *Howard, J. H.:* Estimation of free formaldehyde in resintreated cotton fabrics. Amer. Dyestuff Rep. **45** (1956) S. 53–57.

[49] *Einhorn, E.:* Über die N-Methylolverbindungen der Säureamide. Liebigs Ann. Chemie **343** (1905) S. 207–310.

[50] *Kadowaki, H.:* New compounds of urea-formaldehyde condensation products. Bull. chem. Soc. Japan **11** (1936) S. 248–261.

[51] *Zigeuner, G.*, und *Voglar, K.:* Studien auf dem Gebiet der Harnstoff-Formaldehyd-Kondensation. 3. Mitt. Mh. Chemie, Wien **82** (1951) S. 191–199.

[52] *Kleber, R.:* Untersuchung über Chlorretention und Vernetzungsgrad hochveredelter Baumwolle. Textilveredlung, Weinfelden/Schweiz **4** (1969) S. 304–312.

Eingegangen am 6. Dezember 1972

Friedrich Winkler Institut für Polymerenchemie der AdW, Teltow-Seehof	**Standardisierte Begriffe der Textilprüfung und verwandter Gebiete** **1. Statische Zugprüfung** **Beiblatt F: Systematische und alphabetische Gliederung der Begriffe in französischer Sprache**	**Blatt 1 F** **(Teil 2)[1])** DK 389.6:677.017.2:168.1

II. Alphabetischer Teil

Die im Teil 2 enthaltenen Begriffe sind nach dem Nestsystem geordnet. Dabei ist das jeweilige Schlagwort innerhalb des Nestes nicht wiederholt, sondern durch seinen ersten Buchstaben und einen Punkt abgekürzt worden, z. B.:

attaches
a. 1.3.16.
distance entre a. 1.12.1.

Die am Ende des Begriffes stehende dreiteilige Nummer weist auf die Stelle des Begriffes im systematischen Teil dieses Blattes, der anderen Beiblätter oder des Grundblattes hin. Tritt der Begriff an mehreren Stellen des systematischen Teils auf, so werden mehrere dreiteilige Nummern aufgeführt. Die Schlagwörter selbst sind in ihrer konjugierten oder deklinierten Form aufgenommen.

Es folgt nun die alphabetische Gliederung der Begriffe des statischen Zugversuchs in französischer Sprache.

accroisement
a. soudain 1.14.72.
vitesse d'a. de l'allongement 1.20.4.

adhérentes
essai de séparation de couches de tissu a. 1.2.19.

adhésion
résistance d'a. 1.1.18.

aiguille
essai de résistance à l'arrachement d'une a. 1.2.17.
force d'arrachement de l'a. 1.4.36.
résistance à l'arrachement d'une a. 1.5.4.

aire
a. de la section transversale initiale de l'éprouvette 1.10.1

allongement
a. 1.13.1., 1.14.1.
a. à la rupture 1.13.2., 1.13.3., 1.14.2., 1.14.3.
a. à la rupture à l'état anhydre 1.14.19.
a. à la rupture à l'état conditionné 1.14.9.
a. à la rupture à l'état mouillé 1.14.13.
a. à la rupture (à l'état mouillé) 1.14.13.
a. à la rupture (à l'état sec) 1.14.16.
a. à la rupture à sec 1.14.16., 1.14.17.
a. à la rupture au mouillé 1.14.13., 1.14.14.
a. à la rupture (au mouillé) 1.14.13.
a. à la rupture (conditionné) 1.14.9.
a. à la rupture des fibres 1.14.22.
a. à la rupture des fibres à l'état conditionné 1.14.74.
a. à la rupture des fibres à l'état mouillé 1.14.7.
a. à la rupture du câble conditionné 1.14.70.
a. à la rupture du câble mouillé 1.14.71.
a. à la rupture du fil conditionné 1.14.65.
a. à la rupture du fil mouillé 1.14.69.
a. à la traction 1.14.3.
a. à l'état hygrométrique normal 1.13.15.
a. à l'état mouillé 1.14.13.
a. au mouille 1.13.16.
a. au seuil d'écoulement 1.13.24.
a. à x kg 1.14.49.
a. de l'eprouvette 1.13.3.
a. de rupture 1.14.2., 1.14.78.
a. de rupture à l'état conditionné 1.14.9.
a. de rupture de câblé 1.14.61.
a. de rupture du câblé à l'état conditionné 1.14.62.
a. de rupture du câblé à l'état séché au four 1.14.67.
a. de rupture par fluage 1.14.78.
a. de striction 1.10.5.
a. de striction pour cent 1.10.5.
a. élastique 1.13.10.
a. élastique limite 1.13.11.
a. élastique limite relatif 1.14.8.
a. élastique relatif 1.14.7.
a. entre repères 1.13.4., 1.14.59.
a. (extension) de traction 1.14.1.
a. (extension) permanente 1.14.6.
a. moyen à la rupture 1.14.37.
a. moyen à la rupture des fibres 1.14.75.
a. non proportionnel limite 1.14.51.
a. non proportionnel prescrit 1.14.51.
a. parfaitement élastique 1.13.25.
a. permanent 1.13.9.
a. plastique 1.14.6.
a. pour cent 1.14.1.
a. pour cent à la rupture 1.14.3.
a. pour cent après rupture 1.14.29.
a. pour cent au seuil d'écoulement 1.14.55.
a. pour cent rémanent après la limite d'élasticité 1.14.58.
a. pour cent sous charge 1.14.77.
a. pour une charge donnée 1.14.4.
a. relatif 1.14.1.
a. relatif à la rupture 1.14.2.
a. relatif en pour cent 1.14.2.
a. rémanent 1.14.38.
a. rémanent après rupture 1.13.23.
a. rémanent limite 1.14.57.
a. rémanent pour cent 1.14.6., 1.14.29.
a. rémanent prescrit 1.14.57.
a. sous la charge de rupture 1.13.2., 1.14.2.
a. sous charge de référence 1.14.60.
a. sous charge déterminée 1.14.4.
a. sous charge déterminée à l'état conditionné 1.14.49.
a. sous charge déterminée du câblé 1.14.63.
a. sous charge déterminée du câblé à l'état conditionné 1.14.64.
a. sous charge déterminée du câblé à l'état séché au four 1.14.68.
a. subpermanent 1.13.13.
a. unitaire 1.14.1.
appareil à gradient constant d'a. 1.3.3.
appareil à gradient constant de l'a. 1.3.3.
appareil à gradient d'a. constant 1.3.3.
charge à la limite d'a. rémanent 1.4.50.
charge à x % d'a. 1.4.69.
charge unitaire à la limite d'a. rémanent 1.11.13.
charge unitaire à l'a. rémanent prescrit 1.11.13.
courbe «a.-charge» 1.16.1.
courbe charge-a. 1.16.1.
courbe contrainte-a. 1.16.2.
diagramme „a.-charge" 1.16.1., 1.16.11.
dispositif d'enregistrement de la courbe «a.-charge» 1.3.14.
dispositif d'enregistrement de la courbe charge/a. 1.3.14.
dynamomètre à gradient constant d'a. 1.3.3.
dynamomètre à gradient constant d'a. de l'éprouvette 1.3.3.
dynamomètre à vitesse constante d'a. 1.3.3.
dynamomètre à vitesse d'a. constante 1.3.3.
facteur d'a. à la rupture 1.14.3.
gradient constant d'a. 1.20.13.
indicateur d'a. 1.3.21.
limite d'a. rémanent 1.11.13.
limite élastique (d'élasticité, d'a.) 1.11.11.
machine à gradient constant d'a. 1.3.3.
résistance à l'a. d'une déchirure 1.1.27.
tension pour un a. donné 1.11.18.
travail d'a. 1.18.1.
vitesse d'accroisement de l'a. 1.20.4.
vitesse d'a. constante 1.20.13.
vitesse d'a. relatif 1.20.4.

[1]) Teil 1 s. **23** (1972) 12, S. 525—534.

Neue Bücher

Internationaler Thesaurus textiler Begriffe. Deutsche Ausgabe. Herausgegeben von der VDI-Fachdokumentation Textiltechnik des Vereins Deutscher Ingenieure, Düsseldorf, mit Förderung des Forschungskuratoriums Gesamttextil, Frankfurt/M. Redaktion: *Hermann-Josef Zingel* in Zusammenarbeit mit *Werner Binder, Inge Boos, Sigfried Hoffmann, Thekla Holtappels-Nikolaus, Paul-August Koch, Rudolf Otto.* 1. Ausgabe. Bd. 1: Benennungen und ihre Relationen. A—L. VI, 458 S. Bd. 2: Benennungen und ihre Relationen. M—Z. S. 499—900. Bd. 3: Alphabetisches Register. A—Z. IV, 100 S. Düsseldorf: VDI-Fachdokumentation Textiltechnik des Vereins Deutscher Ingenieure 1971. DIN A4 quer, Lochblatt brosch. DM 325.—.

Die deutsche Ausgabe des nun schon in 13 Sprachen übersetzten Textilthesaurus geht zurück auf den vom Massachusetts Institute of Technology in Cambridge/Mass. entwickelten „Thesaurus of Textile Terms" (2. Aufl., 1969)[1], der vom Institut Textile de France 1970 in französischer Übersetzung, erweitert um die Schlagwörter, die während seiner praktischen Anwendung hinzugefügt wurden, als „Thesaurus Textile International" herausgegeben wurde. Die Begriffe dieser französischen Fassung wurden übersetzt, überarbeitet und ergänzt, wobei die Strukturierung des französischen Textilthesaurus als Basis diente. So entstand ein inhaltlich mit der französischen Ausgabe weitgehend übereinstimmender deutscher Textilthesaurus, der die Grundlage für eine internationale Zusammenarbeit bilden kann.

Die beiden ersten Bände enthalten rd. 9000 Begriffe, die in bekannter Weise durch zusätzliche Begriffe unter den Zeichen V (Verwende), VF (Verwendet für), EB (Engerer Begriff), WB (Weiterer Begriff), AB (Assoziativer [verwandter] Begriff) und gegebenenfalls den Zusatz HN (Handelsname) ergänzt sind. Um die Brücke zu anderssprachigen Ausgaben schlagen und damit auf internationaler Basis arbeiten zu können, ist jedem Begriff vom Computer eine „Identifikationsnummer" zugeordnet worden, die in den anderen Sprachen für den äquivalenten Begriff wiederkehrt. Der dritte, auch als „Alphabetisches Wörterbuch" bezeichnete Band enthält in alphabetischer Ordnung die verbindlichen Schlagwörter (Deskriptoren) mit vorangestellter Identifikationsnummer, aber ohne zusätzliche Begriffe, um ein schnelles Auffinden gesuchter Schlagwörter zu ermöglichen. Dabei sind eingebürgerte Benennungen, die aber als Deskriptoren *nicht* zugelassen sind, der Vollständigkeit halber mit aufgenommen worden, aber unter entsprechender Kennzeichnung und Voranstellung der Identifikationsnummer des in ihrer Stelle zu verwendenden Begriffs. (Daß dies in einzelnen Fällen, z. B. 72510 Grundbindung, V. 65420 Leinwandbindung, nicht zutrifft, muß wohl als Schreib- oder Computerfehler verbucht werden.) Eine Überschlagsrechnung ergab, daß das Wörterverzeichnis etwa 5350 Deskriptoren und 1380 zusätzliche, als Deskriptoren nicht zu verwendende Begriffe enthält.

Der Textilthesaurus soll nach dem Vorwort Begriffe aus Textilforschung und -industrie sowie aus dem Bekleidungswesen enthalten. Die Würdigung, wie weit diese Zielsetzung erfüllt worden ist, hängt neben der individuellen Einstellung des Rezensenten vor allem davon ab, für welches engere Gebiet der Thesaurus benutzt werden soll. In der Faserstoff-Forschung werden z. B. zusätzliche Begriffe aus der Chemie

[1]) Vgl. d. Z. **21** (1970) 3, S. 136—137.

und Physik der Hochpolymeren, im Textilmaschinenbau solche aus dem allgemeinen Maschinenbau usw. nötig sein.

Im Gegensatz zu den vielerorts laufenden Bemühungen, Fachthesauri induktiv zu entwickeln, ist der vorliegende als Zusammenstellung und Ordnung von in der Textilliteratur gebrauchten Fachausdrücken entstanden und durch die praktische Handhabung weiterentwickelt worden. Seine Anwendung an vielen Stellen beweist, daß er für das Gebiet der Textilinformation gute Dienste leistet. Der völlige Verzicht auf einen systematischen Teil und auf die Darstellung hierarchischer Zusammenhänge für bestimmte Oberbegriffe setzt jedoch seiner Verwendbarkeit da Grenzen, wo — wie bereits erwähnt — Literatur aus mit der Textiltechnik verbundenen Gebieten erfaßt werden soll. Für die Literaturaufbereitung für Forschungszwecke reichen z. B. Begriffe wie Chemie, Physik usw. ohne nähere Unterteilungsmöglichkeit nicht aus. Hier fehlt der Einbau in ein größeres System nach gleichen Prinzipien aufgebauter Fachthesauri, an dem — allerdings bisher offenbar noch ohne rechten Erfolg — an anderen Stellen gearbeitet wird.

Die Herausgabe dieser sehr gründlich überarbeiteten deutschen Ausgabe des Textilthesaurus stellt eine anerkennenswerte Leistung dar und wird vielen Wünschen gerecht. Den an dieser umfangreichen Arbeit Beteiligten gilt Dank und Anerkennung für ihr Werk. *J. Brämer*

Viskositäts-Messungen an Hochpolymeren. Von *Josef Schurz.* Stuttgart/Berlin/Köln/Mainz: Berliner Union G.m.b.H. — W. Kohlhammer G.m.b.H. 1972. 91 S. brosch.

Das Buch ist als Anleitung zur praktischen Ausführung von Viskositätsmessungen von Hochpolymeren geschrieben worden und in sechs größere Abschnitte, denen ein Literaturverzeichnis und ein Sachregister folgen, eingeteilt.

Einleitend werden die Viskosität und die mit ihr in Zusammenhang stehenden Begriffe Schubspannung, Geschwindigkeitsgefälle u. a. erläutert sowie die insbesondere auch bei Hochpolymeren auftretenden wichtigsten Abweichungen vom *Newton*schen Fließverhalten — strukturviskos, thixotrop, dilatent, rheopex — skizziert. Ferner wird auf die Temperaturabhängigkeit der Viskosität und die Turbulenzerscheinungen bei höheren Strömungsgeschwindigkeiten hingewiesen.

Im zweiten Abschnitt bespricht der Autor mit dem Kapillar-, Rotations- und Kugelfallviskosimeter unter Beachtung der jeweiligen Korrekturen und Stabilitätskriterien die drei gebräuchlichsten Viskosimetertypen.

Der dritte Abschnitt ist der Messung der Grenzviskositätszahl von Lösungen im Kapillarviskosimeter gewidmet. In diesem Abschnitt wird dargelegt, wie die Messungen praktisch auszuführen und auszuwerten sind einschließlich von Hinweisen zur Reinigung und Trocknung der Viskosimeter.

Die Ermittlung von Fließkurven mit Hochdruck-Kapillar-Viskosimetern wird im vierten Abschnitt behandelt, wobei zunächst das Bauprinzip und die Arbeitsweise der Viskosimeter erläutert und dann sehr ausführlich der Meßvorgang und die Auswertung der Meßergebnisse unter Beachtung von *Hagenbach/Couette*-Korrektur, Turbulenz, Scherabbau und Temperaturerhöhung beschrieben werden. Auf die Möglichkeit, mit Hochdruck-Kapillar-Viskosimetern bei hohen Schergefällen Relaxationsmessungen durchzuführen, wird ebenfalls eingegangen.

Im folgenden fünften Abschnitt behandelt der Autor dann die Anwendungsmöglichkeiten von Rotationsviskosimetern, beschränkt sich aber im wesentlichen auf den Gerätetyp mit dem Meßspalt zwischen zwei konzentrischen Zylindern. Auch hier werden wieder sehr eingehend der Meßvorgang, die Auswahl des Meßsystems, die Auswertung der Messungen, die Fehlerquellen und die Reinigung des Gerätes beschrieben. An der Ausschwingmethode wird gezeigt, wie der Meßbereich handelsüblicher Geräte gegen kleine Schergefälle hin um eine Größenordnung erweitert werden kann. Die Möglichkeiten zur Untersuchung der Thixotropie mit Rotationsviskosimetern werden an der Messung der Anlaufkurve, an der mehr oder minder empirischen Hysterese-Methode zur ersten Abschätzung und an der Aufnahme einer Fließfläche, in der die Viskosität als Funktion des Schergefälles und der Beanspruchungszeit aufgetragen ist, ausführlich geschildert.

Der abschließende sechste Abschnitt behandelt die wegen hrer Einfachheit in der Technik vielfach benutzten Kugelallmessungen zur Viskositätsbestimmung mit dem senkrecht angeordneten Fallrohr der Viskoseindustrie und mit dem geneigten Fallrohr, dem *Höppler*-Viskosimeter, sowie die Bestimmung der Fließaktivierungsenergie aus der Temperaturabhängigkeit der Viskosität im *Höppler*-Kugelfallviskosimeter.

Wenn mit dem Buch auch nicht bezweckt wird, eine Einführung in die Rheologie zu geben, so seien dennoch einige ergänzende und kritische Bemerkungen gebracht. Der Gegenstand des Buches ist ausschließlich die Viskosimetrie von Lösungen, von den hochverdünnten bis zu den thixotropen Pasten. Dagegen sind Schmelzen, wie im Vorwort bemerkt wird, ausdrücklich ausgenommen. Dieser Sachverhalt sollte im Titel des Buches vielleicht in Form eines Untertitels berücksichtigt werden.

Die Feststellung des Autors, ein Rotationsviskosimeter ist stets so gut oder schlecht wie sein Meßsystem und ein schlechtes Meßsystem kann durch keine noch so aufwendige Elektronik kompensiert werden, muß voll und ganz unterstrichen werden. Andererseits gibt die Elektronik uns heute die Möglichkeit, den Anwendungsbereich eines „guten Meßsystems“ wesentlich zu erweitern. Wenn die Meßgeometrie vorgegeben ist, so sind die anderen, die Güte eines Rotationsviskosimeters entscheidenden Faktoren neben der Temperierung vor allem die Drehzahlreglung und die Messung von Drehzahl und Drehmoment sowie das Problem der Lagerreibung der Meßwelle. Hinsichtlich der Drehmomentmessung ist eine Wertung von starren und weichen Dynamometern angebracht. Diese Punkte sollten durchaus etwas stärker betont werden, schon deshalb, damit ein „Noch-Nicht-Fachmann“ erste Kriterien bei der Auswahl eines für die Lösung seiner Aufgaben geeigneten Gerätes zur Hand hat (z. B. ähnlich den Hinweisen zu Kapillarviskosimetern S. 41 und S. 43). Die Angabe, Anlaufkurven können im Prinzip mit jedem Rotationsviskosimeter aufgenommen werden, wobei man günstigerweise einen Schreiber verwendet, ist sehr vereinfacht und kann deshalb zu groben Fehleinschätzungen führen (S. 70). Um Anlaufvorgänge, die innerhalb von Bruchteilen von Sekunden erfolgen, erfassen zu können, ist ein nicht unerheblicher apparativer Aufwand erforderlich, der sich aber sehr reduziert, wenn die Vorgänge mehrere Sekunden oder Minuten andauern.

Obwohl in dem Buch zum wirklichen Nutzen und Vorteil des Lesers die langjährigen Laborerfahrungen des Autors eingegangen sind, so birgt dieses große Plus auch eine Gefahr in sich: die Literaturangaben sind relativ einseitig.

Zusammenfassend kann festgestellt werden, daß das Vorhaben des Autors, mit diesem Buch dem Anfänger, dem Studenten, dem Chemotechniker und dem Nichtspezialisten genau zu zeigen, wie Viskositätsmessungen auszuführen und welche Besonderheiten dabei zu beachten sind, unter Berücksichtigung des knappen Umfanges bzw. gerade wegen der Beschränkung auf das Wesentliche sehr gut gelungen ist. Jedoch nicht nur der o.g. Interessentenkreis, sondern auch der in der Praxis stehende Chemiker, ob in einem Forschungsinstitut oder in einem Betrieb, wird sicher bei Fragen im Zusammenhang mit rheologischen Messungen gern zu dem Buch greifen, da es sowohl einen gestrafften Überblick als auch viele Detail-Erfahrungen aus der Schule der Rheologie von Prof. *Schurz* vermittelt. *K. Wulf*

Kinetics and Mechanisms of Polymerization. Vol. 3. Step-Growth Polymerizations. Hrsg.: *D. H. Solomon.* New York: Marcel Dekker 1972, XI, 396 S. Lwd. $ 34.50.

In der gut eingeführten Reihe Kinetics and Mechanism of Polymerisation, die von *G. E. Ham* im Marcel Dekker Verlag herausgegeben wird, liegt nun nach Übersichten über die Vinylpolymerisation (Band 1)[1]) und die Polymerenbildung unter Ringöffnung (Band 2)[2]) der Band 3 von *D. H. Solomon* über Polymere vor, deren Wachstumsreaktion unter stufenweiser Kettenverlängerung erfolgt. In diesem Band wird in Übersichten über Polykondensate und durch Polyaddition hergestellte Polymere berichtet:

Kapitel 1. Polyveresterung (*D. H. Solomon*) 40 S., 52 Lit. bis 1971;

Kapitel 2. Polyamide (*D. C. Jones* und *T. R. White*) 53 S., 164 Lit. bis 1970;

Kapitel 3. Polyurethane (*D. J. Lyman*) 18 S., 87 Lit. bis 1970;

[1]) S. d. Z. **21** (1970) 4, S. 180.
[2]) S. d. Z. **22** (1971) 4, S. 220.

Kapitel 4. Cyclopolykondensation (*P. M. Hergenrother*) (Polyimide, Polymere aus Diamidrazonen, Polymere aus aromatischen Bis-(o-Diaminen) 41 S., 134 Lit. bis 1971;

Kapitel 5. Reaktionen von Formaldehyd mit Phenol, Melamin, Anilin und Harnstoff (*M. F. Drumm* und *J. R. LeBlanc*) 121 S., 136 Lit. bis 1970;

Kapitel 6. Diels-Alder Polymerisation (*W. J. Bailey*) 53 S., 96 Lit. bis 1971;

Kapitel 7. Anorganische Polymere (*J. R. MacCallum*) 39 S., 119 Lit. bis 1969;

Der Stand der Kenntnisse und die Forschungsbreite für diese Polymeren ist sehr unterschiedlich. Einige werden als Massenpolymere seit langem hergestellt, Reaktionsmechanismen und kinetische Daten sind für diese Polymeren weitgehend bekannt. Die entsprechenden Kapitel geben orientierende Übersichten, zum Teil unter besonderer Betonung spezieller Aspekte.

Neben diesen Übersichten gibt es einige Artikel (z. B. Kapitel 4 und 6) mit Monographiecharakter, die besonders der Polymerchemiker mit Vergnügen lesen wird.

Der Service (Autoren- und Sachregister neben Literaturzitaten nach jedem Kapitel) und die Ausstattung dieses Bandes sind wieder sehr gut. Insgesamt kann das Buch für die Orientierung auf dem Nachbargebiet allen der makromolekularen Chemie Verschriebenen empfohlen werden. *U. Gohlke*

Patentschau

Auszug aus der Lieferung 21/22/1972 der Patentschau „Faserstoffe und Textiltechnik", Ausgabe A: Faserstoffe einschl. Kunststoffe und organ. Grundsubstanzen, zusammengestellt von der Abteilung Information und Dokumentation des Instituts für Polymerenchemie der AdW der DDR, 153 Teltow-Seehof, Kantstr. 55

Die Patentschau ist nach der internationalen Patentklassifikation (IPC) gegliedert. Es bedeuten: DLP = DDR-Patent; DTP = Deutsches Bundespatent; DTA = (West-)Deutsche Auslegeschrift; DTO = (West-)Deutsche Offenlegungsschrift; OEP = Österreichisches Patent; CHP = Schweizer Patent; FRP = Französisches Patent; GBP = Britisches Patent; JAP = Japanisches Patent; POP = Polnisches Patent; SWP = Schwedisches Patent; SUP = Sowjetisches Patent; CSP = Tschechoslowakisches Patent; USP = Amerikanisches Patent; A = Anmeldedatum, O bzw. B = Tag der Ausgabe der Offenlegungs-, Auslege- bzw. Patentschrift.

Sektion B. Arbeitsverfahren

B 05. Versprühen und Zerstäuben im allgemeinen; Aufbringen von Flüssigkeiten auf Flächen im allgemeinen

B 05c. Aufbringen von Flüssigkeiten oder zähflüssigen Stoffen auf Oberflächen, z. B. mittels Hindurchdrücken der Flüssigkeit durch Werkstücke

USP 3638458. Tank zum Behandeln von Fasern. Erf.: *Pierre Libbrecht*. Inh.: Teinturerie des Francs. Toucoing (FR). A. 20. 11. 69, B. 1. 2. 72. Kl.: 68-189, Int. Kl.: B 05c 8/02. 1 Anspr. A.-Z.: 878395. Prior: 22. 11. 68 (BE; A.-Z.: 724291).

Sektion C. Chemie und Metallurgie

CHEMIE

C 03. Glas; Mineral- und Schlackenwolle

C03c. Chemische Zusammensetzung von Gläsern, Glasuren oder Emails;

Oberflächenbehandlung von Glas; Verbinden von Glas mit Glas oder anderen Stoffen

C 03c 25/00. Oberflächenbehandlung von Fasern oder Fäden aus Glas, Mineralien oder Schlacken

GBP 1279252. Apparatur zur Faserbeschichtung. Inh.: United Kingdom Atomic Energy Authority). A. 29. 10. 69, B. 28. 6. 72. Kl.: D1.L, Int. Kl.: B 05c 3/152, C 03c 25/02, C 03b 11/00. A.-Z.: 52023/68.

USP 3653949. Beschichtete Gewebe und ein Verfahren zum Aufbringen von Beschichtungen. Erf.: *James J. Dillon*. Inh.: Owens-Corning Fiberglas Corp. A. 5. 9. 69, B. 4. 4. 72. Kl.: 117-66, Int. Kl.: B 32b 17/04, C 03c 25/02. 5 Anspr. A.-Z.: 855513.

C 07. Organische Chemie

C 07c. Acyclische und carbocyclische Verbindungen

USP 3654350. Reinigung von Terephthalsäure. Erf.: *Enrique R. Witt* u. *Jorge A. Blay*. Inh.: Celanese Corp., New York, N. Y. A. 14. 1. 70, B. 4. 4. 72. Kl.: 260-525, Int. Kl.: C 07c 51/42. 10 Anspr. A.-Z.: 2962. Entspr. DTO 2101603.

C 07d. Heterocyclische Verbindungen

CSP 145760. Verfahren und Einrichtung zur Kristallisation von 6-Caprolactam aus organischen Lösungsmitteln. Erf.: *Ján Sladký, Štefan Kulla* u. *Vladimír Kaláb*. A. 11. 7. 66, B. 31. 12. 71. Kl.: 12p, 5, Int. Kl.: C 07d 41/06. A.-Z.: 4672/66.

C 08. Makromolekulare Verbindungen; ihre Herstellung und chemische Verarbeitung; auf diesen Verbindungen beruhende Gemische

C 08b. Polysaccaride und deren Derivate

USP 3637520. In Lösungsmitteln lösliche quartäre Ammoniumsalze von Cellulosesulfat. Erf.: *Richard G. Schweiger*. Inh.: Kelso Co., San Diego, Calif. A. 25. 9. 69, B. 25. 1. 72. Kl.: 252-316, Int. Kl.: C 08b 5/14. 51 Anspr. A.-Z.: 861156 (Zus. z. Pat. m. A.-Z.: 772814. A. 1. 11. 68; u. Pat. m. A.-Z.: 615337. A. 13. 2. 67).

C 08f. Polymerisationsprodukte

OEP 301869. Verfahren zur Herstellung von Alkylenpolymeren. Inh.: Stamicarbon N. V., Heerlen (NL). A. 2. 6. 70, B. 15. 1. 72. Kl.: 39b, 12, Int. Kl.: C 08f 1/28. A.-Z.: A 4904/70. Prior.: 3. 6. 69, 14. 11. 69 (NL; A.-Z.: 6908446, 6917130). Entspr. DLP 85641, DTO 2027302, FRP 2054561 u. GBP 1251177.

FRP 2105579 (B). Verfahren zur Suspensionspolymerisation von Vinylchlorid oder eines Monomerengemisches mit Vinylchlorid als Hauptkomponente. Inh.: Shinetsu Chemical Co. A. 14. 9. 70, B. 2. 6. 72. Int. Kl.: C 08f 1/00, 3/00. A.-Z.: 7033191.

JAP 7138249. Katalysatoren zur Polymerisation von Olefinen. Erf.: *Tadao Iwata* u. *Juntaro Sasaki*. Inh.: Mitsui Petrochemical Industries, Ltd. A. 30. 1. 68, B. 11. 11. 71. Int. Kl.: C 08f, B 01j.

JAP 7138520. Katalysatoren zur Polymerisation von α-Olefinen. Erf.: *Kiyoshi Mabuchi*. Inh.: Mitsubishi Petrochemical Co. Ltd. A. 14. 6. 68, B. 12. 11. 71. Int. Kl.: C 08f, B 01j.

JAP 7140686. Suspensionspolymerisation von Vinylmonomeren. Erf.: *Takumi Kosugi* u. *Katsumi Oota*. Inh.: Kanegafuchi Chemical Industry Co. Ltd. A. 30. 5. 67, B. 1. 12. 71. Int. Kl.: C 08f.

USP 3637626. Polymerisationsverfahren für Vinylchlorid. Erf.: *Corrado Mazzolini, Sergio Lo Monaco, Luigi Patron, Alberto Moretti* u. *Marcello Di Ciolo*. Inh.: Chatillon Soc. An. Italiana per le Fibre Tessili Artificiali S.p.A., Mailand (IT). A. 28. 3. 69, B. 25. 1. 72. Kl.: 260-85,5, Int. Kl.: C 08f 3/30, 1/62. A.-Z.: 811576. Prior.: 3. 4. 68, 6. 5. 68 (IT; A.-Z.: 14761/68, 16142/68). A.-Z.: 14761 entspr. GBP 1251728. Entspr. DTO 1916942 u. FRP 2007375.

JAP 7138566. Kristalline Olefinpolymere. Erf.: *Yasuyuki Suzuki* u. *Juntaro Sasaki*. Inh.: Mitsui Petrochemical Industries, Ltd. A. 11. 4. 68, B. 13. 11. 71. Kl.: 26 B 11.

CSP 145250. Verfahren zur kontinuierlichen Herstellung von Vinylchloridpolymeren. Erf.: *Sergio Lo Monaco, Paolo Melacini, Giancarlo Borsini, Francesco Visani* u. *Luigi Celigot Magagnin*. A. 16. 12. 66, B. 28. 10. 71. Kl.: 39c, 25/01, Int. Kl.: C 08f 3/30. A.-Z.: 8068-66. Prior.: 17. 12. 65 (IT; A.-Z.: 28027/65). Entspr. DLP 58600, CHP 487941, FRP 1505061, GBP 1163605 u. USP 3476727.

USP 3637620. Verfahren zur Polymerisation von Vinylchlorid. Erf.: *Luigi Patron, Alberto Moretti* u. *Renato Pasqualetto*. Inh.: Chatillon-Soc. An. Italiana per le Fibre Tessili Artificiali S.p.A., Mailand (IT). A. 26. 2. 70, B. 25. 1. 72. Kl.: 260-85,5, Int. Kl.: C 08f 3/30, 1/04, 1/62. 20 Anspr. A.-Z.: 14670 (Zus. z. Pat. m. A.-Z.: 836166. A. 24. 6. 69). Prior.: 28. 2. 69 (IT; A.-Z.: 13477/69). Entspr. DTO 2009217, FRP 2034767 u. GBP 1265433.

USP 3637631. Homopolymerisation von Vinylfluorid zu orientiertem Polyvinylfluorid in einem tertiären Butylalkohol enthaltenden Medium. Erf.: *Dario Sianesi* u. *Gerardo Caporiccio*. Inh.: Montecatini Edison S.p.A., Mailand (IT). A. 8. 4. 69, B. 25. 1. 72. Kl.: 260-92,1, Int. Kl.: C 08f 3/22. 6 Anspr. A.-Z.: 814431. Prior.: 10. 5. 65 (IT; A.-Z.: 10491/65). Entspr. DTO 1620989, FRP 1478785 u. GBP 1142723.

USP 3639370. Verfahren zum Polymerisieren von olefinischen Verbindungen. Erf. u. Inh.: *Wolfgang Edl*, 3 Marienstraße, 8021 Großhesselohe, *Heinz W. Meyer*, 1 Arnimstraße, 8 München, u. *Dieter Schmid*, 11 Habenschadenstraße, 8023 Pullach (DT). A. 27. 12. 68, B. 1. 2. 72. Kl.: 260-88,7, Int. Kl.: C 08f 3/62, 3/76, 7/04. 10 Anspr. A.-Z.: 787591. Prior.: 28. 12. 67 (NL; A.-Z.: 6717760). Entspr. DTO 1800327, OEP 291564, FRP 1604418 u. GBP 1235530.

USP 3654221. Verfahren zur Herstellung von eine farbbeständige und geruchlose heterocyclische Stickstoffverbindung enthaltenden Polymeren. Erf.: *Albert H. Greer*. Inh.: Sybron Corp., Rochester, N. Y. A. 30. 12. 68, B. 4. 4. 72. Kl.: 260-45,9R, Int. Kl.: C 08f 7/12, 45/60. 9 Anspr. A.-Z.: 788059. Entspr. FRP 2027373.

DTO 1745567. Verfahren zur Mischpolymerisation olefinischer Verbindungen. Erf.: *Gerhard Beier* u. *Eduard Bergmeister*. Anm.: Wacker-Chemie GmbH, 8000 München (DT). A. 7. 12. 67, B. 30. 3. 72. Kl.: 39b4, 15/02, Int. Kl.: C 08f 15/02. A.-Z.: P 1745567. Entspr. CHP 515941, FRP 1597733 u. GBP 1188635.

CHP 525916. Verfahren zur Herstellung von modifiziertem Polypropylen. Erf.: *Jean Pierre Hermans, Emile Leblon* u. *Marcel Lejeune*. Inh.: Solvay & Cie., Soc. An., Rue du Prince Albert 33, Brüssel (BE). A. 14. 5. 71. Int. Kl.: C 08f 15/04, 19/00, 3/10. A.-Z.: 7164/71. Prior.: 28. 5. 70 (LU; A.-Z.: 61007).

CSP 145183. Verfahren zur Herstellung von Äthylencopolymeren. Erf.: *Cornelis Emile Petrus Velerius van den Berg* u. *Pierre Joseph Franssen*. A. 28. 2. 63, B. 28. 10. 71. Kl.. 39c, 25/01, Int. Kl.: C 08f 15/40. A.-Z.: 1169-63. Prior.: 2. 3. 62 (NL; A.-Z.: 275509). Entspr. DTO 1520955 u. GBP 1027212.

USP 3658741. Homogene Äthylenpocolymere. Erf.: *Harry Knutson* u. *John E. Dench*. Inh.: Allied Chemical Corp., New York, N. Y. A. 19. 9. 66, B. 25. 4. 72. Kl.: 260-29,6 H, Int. Kl.: C 08f 1/04, 15/00, 47/18. 32 Anspr. A.-Z.: 580196. Entspr. DTO 1720232 u. FRP 1537364.

DTO 1595708. Verfahren zur Herstellung von Mischpolymerisaten des Vinylchlorids. Erf.: *Gerhard Kühne* u. *Alfons Neumaier*. Anm.: Farbwerke Hoechst AG vorm. Meister Lucius & Brüning, 6000 Frankfurt (DT). A. 21. 12. 66, B. 23. 3. 72. Kl.: 39b4, 17/00, Int. Kl.: C 08f 17/00. A.-Z.: P 1595708 (Zus. z. Anm. m. A.-Z.: P 1570597). Prior.: 13. 8. 66 (ES; A.-Z.: 330217). A.-Z.: P 1570597, DTO 1570597.

USP 3639339. Reaktive Polymere und Verfahren zu ihrer Herstellung. Erf.: *John Beaton, Douglas C. Edwards* u. *Richard Helmut Wunder*. Inh.: Polymer Corp. Ltd., Sarnia, Ontario (CA). A. 20. 5. 68, B. 1. 2. 72. Kl.: C 08d 5/02, C 08f 27/02, 27/08. 1 Anspr. A.-Z.: 730662. Prior.: 28. 6. 67 (CA; A.-Z.: 944149).

DTO 2141200. Polymerisate. Erf.: *Robert Barry Redding* u. *James Rodney Kynes*. Anm.: Dunlop Holdings Ltd., London (GB). A. 17. 8. 71, B. 6. 4. 72. Kl.: 39b4, 29/14, Int. Kl.: C 08f 29/14. A.-Z.: P 2141200. Prior.: 26. 8. 70 (GB; A.-Z.: 40921/70).

JAP 7115014. Polyolefine und Polyamide enthaltende anfärbbare Kompositionen. Erf.: *Ichiya Chimura, Kazuo Ito, Shunichi Takashima, Kuminobu Kimura* u. *Hiroshi Sakamoto*. Inh.: Mitsubishi Rayon Co. Ltd. A. 23. 10. 67, B. 22. 4. 71. Int. Kl.: C 08f, g, D 01d, f.

SWP 346545. Flammhemmende Polyolefinkomposition. Erf.: *G. J. Listner.* Inh.: Johnson & Johnson, New Brunswick, N. J. (US). A. 25. 5. 66, B. 10. 7. 72. Int. Kl.: C 08f 29/02. A.-Z.: 7157/66.

OEP 301883. Flammfeste, verformbare Mischung. Erf.: *Otto Pesta.* Inh.: Österreichische Stickstoffwerke AG, Linz (OE). A. 24. 6. 70, B. 15. 1. 72. Kl.: 39b, 24, Int. Kl.: C 08f 45/14. A.-Z.: A 5667/70.

OEP 301884. Stabilisierung von Vinylchloridharzmassen. Erf.: *Hans Friedmann* u. *Nikolaus Schredl.* Inh.: Bleiberger Bergwerks Union, Klagenfurt (OE). A. 7. 12. 70, B. 15. 1. 72. Kl.: 39b, 24, Int. Kl.: C 08f 45/58.

FRP 2105386 (B). Verfahren zur Stabilisierung von Vinylchlorid-Polymeren und -Copolymeren, sowie danach erhaltene Plaste. Erf.: *Michel Demarcq* u. *Jacques Fritz.* Inh.: Ugine Kuhlmann. A. 24. 9. 70, B. 2. 6. 72. Int. Kl.: C 08f 45/00, 37/00. A.-Z.: 7032169. Entspr. DTO 2144181.

SWP 346547. Durch Hexa(alkoxymethyl)melamin modifizierte, hydroxylierte Fluorpolymere. Erf.: *M. F. Bechtold.* Inh.: E. I. du Pont de Nemours and Co., Wilmington, Del. (US). A. 28. 5. 70, B. 10. 7. 72. Int. Kl.: C 08f 45/72. A.-Z.: 7362/70.

USP 3637588. Mit Mischungen aus Phosphorsäure und einem Phenol stabilisierte Polyolefine. Erf.: *James S. Dix, Ronald D. Mathis* u. *Leslie T. Netherton.* Inh.: Phillips Petroleum Co. A. 17. 1. 69, B. 25. 1. 72. Kl.: 260-45,75N, Int. Kl.: C 08f 45/58, 45/60, 45/62. 5 Anspr. A.-Z.: 792142. Entspr. FRP 2028542.

USP 3639333. Aliphatische Amide als Lichtstabilisatoren für pigmentierte Polymere. Erf.: *William Frederick Baitinger jr.* Inh.: American Cyanamid Co., Stamford, Conn. A. 17. 8. 65, B. 1. 2. 72. Kl.: 260-41B, Int. Kl.: C 08f 45/04, 45/60. 8 Anspr. A.-Z.: 480468. Entspr. DTO 1569589, FRP 1489517 u. GBP 1098714.

DTO 1770716. Verfahren zur Polymerisation von alpha-Olefinen. Erf.: *Bernd Diedrich, Karl Diether Keil* u. *Kurt Rust.* Anm.: Farbwerke Hoechst AG vorm. Meister Lucius & Brüning, 6000 Frankfurt (DT). A. 27. 6. 68, B. 4. 5. 72. Kl.: 39b4, 3/06, Int. Kl.: C 08f 3/06. A.-Z.: P 1770716. Entspr. DLP 78658, CHP 518321, FRP 2014328 u. GBP 1265070.

C 08g. Polykondensations- und Polyadditionsprodukte

JAP 7138261. Katalysatoren zur Herstellung von Polymeren mit O, N und konjugierter Doppelbindung. Erf.: *Kenji Harasawa.* Inh.: Honey Chemical Industry Co. Ltd. A. 2. 12. 65, B. 11. 11. 71. Int. Kl.: C 08g, B 01j.

DTO 1720300. Verfahren und Vorrichtung zur kontinuierlichen Herstellung von Polymerisaten, insbesondere von Polymerisaten des Trioxans in Substanz. Erf.: *Helmut Heel, Helmut Klingenspor, Wolfgang Klee, Hugo Fuchs, Gert Göschel* u. *Heinrich Sperber.* Anm.: Badische Anilin- u. Soda-Fabrik AG, 6700 Ludwigshafen (DT). A. 2. 9. 67, B. 13. 4. 72. Kl.: 39b5, 1/04, Int. Kl.: C 08g 1/04. A.-Z.: P 1720300. Entspr. FRP 1577880.

DTO 1745379. Verfahren zur Herstellung von makromolekularen Polyoxymethylenen. Erf.: *Luigi Luco* u. *Cesare Reni.* Anm.: Societa Italiana Resine S.p.A., Mailand (IT). A. 31. 3. 67, B. 20. 4. 72. Kl.: 39b5, 1/02, Int. Kl.: C 08g 1/02. A.-Z.: P 1745379. Prior.: 2. 4. 66 (IT; A.-Z.: 7510/66). Entspr. FRP 1517376, GBP 1170169 u. USP 3458479.

DTO 1720312. Verfahren zur Herstellung von linearen Polyestern und lineare Polyester, die nach dem Verfahren erhalten werden. Erf.: *Giacomo Cerutti.* Anm.: Bemberg S.p.A., Mailand (IT). A. 10. 10. 67, B. 23. 3. 72. Kl.: 39b5, 17/01, Int. Kl.: C 08g 17/01. A.-Z.: P 1720312. Prior.: 12. 10. 66 (IT; A.-Z.: 28798 A/66).

DTO 2045914. Verfahren zur Herstellung von Polyestern des 1,4-Butandiols. Erf.: *Gerhard Schade* u. *Hans Melin.* Anm.: Dynamit Nobel AG, 5210 Troisdorf (DT). A. 17. 9. 70, B. 23. 3. 72. Kl.: 39b5, 17/06, Int. Kl.: C 08g 17/04. A.-Z.: P 2045914. Entspr. FRP 2106588.

JAP 7140711. Herstellung von Polyestern unter Verwendung von Al-Katalysatoren. Erf.: *Fumio Kobayashi, Kazuo Matsukura, Kosuke Tomita* u. *Hiroaki Ida.* Inh.: Yunichika Co. Ltd. A. 31. 7. 67, B. 1. 12. 71. Kl.: 26D 6.

USP 3654225. Verfahren zur Herstellung von Polyäthylen-1,2-diphenoxyäthan-4,4'-dicarboxylat mit einer Manganverbindung als Umesterungskatalysator und von Germaniumdioxid als Kondensationskatalysator. Erf.: *Hidehiko Kobayahi, Kiichiro Sasaguri, Hiroshi Komoto* u. *Sukeo Kawashima.* Inh.: Asahi Kasei Kogyo Kabushiki Kaisha, Kita-ku, Osaka (JA). A. 26. 5. 69, B. 4. 4. 72. Kl.: 260-47C, Int. Kl.: C 08g 17/013, 17/015. 4 Anspr. A.-Z.: 827990. Prior.: 1. 6. 68 (JA; A.-Z.: 43/37135). Entspr. GBP 1254780.

DLP. 91566. Verfahren zur Herstellung von hochmolekularem Polyamid. Erf. u. Inh.: *Hubert Schade, Reinhard Weise* u. *Karl-Heinz Sandhoff.* A 12. 3. 71, B. 20. 7. 72. Kl.: 39b5, 20/00, Int. Kl.: C 08g 20/00. A.-Z.: WP C 08g/153715.

DTO 1493422. Verfahren zur Herstellung eines neuartigen Polymerisats sowie zur Herstellung von alpha-Alanin aus diesem Polymerisat. Erf.: *Shibichi Ishida* u. *Joji Ibata.* Anm.: Asahi Kasei Kogyo K. K., Osaka (JA). A. 2. 4. 65, B. 23. 3. 72. Kl. 39b5, 20/02, Int. Kl.: C 08g 20/02. A.-Z.: P 1493422. Prior.: 3. 4. 64 (JA; A.-Z.: 18524/64). Entspr. GBP 1096848 u. USP 3394108.

DTO 1720352. Verfahren und Vorrichtung zum Herstellen von Formkörpern aus Polyamiden. Erf.: *Richard Sinn* u. *Rolf Schellenberg.* Anm.: Badische Anilin- & Soda-Fabrik AG, 6700 Ludwigshafen (DT). A. 2. 3. 68, B. 23. 3. 72. Kl.: 39b5, 20/18, Int. Kl.: C 08g 20/18. A.-Z.: P 1720352.. Entspr. CHP 479654.

DTO 1795063. Verfahren zur Erzeugung spinnbarer Polyamide, die eine hohe Färbegleichmäßigkeit und ein hohes Bindevermögen für saure Farbstoffe besitzen. Erf.: *Pierluigi Perazzoni, Francesco Siclari* u. *Piergiorgio Silvestroni.* Anm.: Snia Viscosa Societa Nazionale Industria Applicazioni Viscosa, Mailand (IT). A. 5. 8. 68, B. 30. 3. 72. Kl.: 39b5, 20/02, Int. Kl.: C 08g 20/02. A.-Z.: P 1795063. Prior.: 8. 8. 67 (IT; A.-Z.: 19335 A/67). Entspr. FRP 1576841.

DTO 2147365. Anionische katalytische Polymerisation von Lactamen. Erf.: *Jozef Lambertus Maria van der Loos* u. *Peter Joseph Maria Wilhelmus Claassen.* Anm.: Stamicarbon N. V., Heerlen (NL). A. 22. 9. 71, B. 30. 3. 72. Kl.: 39b5, 20/18, Int. Kl.: C 08g 20/18. A.-Z.: P 2147365. Prior.: 23. 9. 70 (NL; A.-Z.: 7014022).

JAP 7140706. Poly-β-alanin. Erf.: *Norimasa Takahashi* u. *Yohei* Fukuota. Inh.: Asahi Chemical Industry Co. Ltd. A. 24. 3. 66, B. 1. 12. 71. Int. Kl.: C 08g, B 01j.

CSP 144725. Verfahren zur Herstellung von plastifiziertem alkalischem Polycaprolactam. Erf.: *Svatoslav Záhorovský,* 27. 12. 68, B. 28. 10. 71. Kl.: 39c, 10, Int. Kl.: C 08g 20/12. A.-Z.: 8790–68.

USP 3639359. Anionische Polymerisation von Lactamen. Erf.: *Johan W. Garritsen, Sebastian E. M. Koiijman, Johannes H. C. M. A. Gregoire* u. *Henny Cerbrugge.* Inh.: Stamicarbon N. V., Heerlen (NL). A. 21. 3. 69. B. 1. 2. 72. Kl.: 260-78L, Int. Kl.: C 08g 20/18. 8. Anspr. A.-Z.: 809401. Prior.: 21. 3. 68, 4. 12. 68 (NL; A.-Z.. 6804056, 6817424, A.-Z.: 6817424 entspr. OEP 291576. Entspr. DTO 1914006, CHP 514642 u. FRP 2004434.

USP 3658766. Antistatische Polyamidkomposition. Erf.: *Tatsuya Kato, Chikatsu Okagawa, Ataru Suwada* u. *Stoyoshi Ohno.* Inh.: Toray Industries, Inc., Tokio; u. Sanyo Chemical Industries, Ltd., Kyoto (JA). A. 1. 6. 70, B. 25. 4. 72. Kl.: 260-78S, Int. Kl.: C 08g 20/38. 8 Anspr. A.-Z.: 42497.

DTO 2118692. Blockierte Isocanatpolymere und Verfahren zu ihrer Herstellung. Erf.: *Saburo Wakimoto, Hideyosi Tugukuni, Masafumi Kano. Yutaka Matsui, Seiji Kazama* u. *Jugo Goto.* Anm.: Nippon Toryo Co, Ltd., Osaka (JA). A. 17. 4. 71, B. 13. 4. 72. Kl.: 39b5, 22/32, Int. Kl.: C 08g 22/32. A.-Z.: P 2118692. Prior.: 21. 4. 70 (JA; A.-Z.: 34114/70).

USP 3639353. Mit Polycarbodiimiden vernetzte Polymere. Erf.: *Harold P. Brown.* Inh.: The B. F. Goodrich Co., New York, N. Y. A. 20. 3. 70, B. 1. 2. 72. Kl.: 260-77,5R, Int. Kl.: C 08g 22/00. 9 Anspr. A.-Z.: 21488 (Zus. z. Pat. m. A.-Z.: 368395. A. 18. 5. 64). A.-Z.: 368395 entspr. FRP 1441821 u. GBP 1056202.

DTO 2045666. Neue Reaktionsprodukte von Trishydroxy-alkyl-isocyanuraten und deren Verwendung als Textilweichmacher in Wäscheweichspülmitteln. Erf.: *Peter Nikolaus, Hans-Werner Eckert, Rainer Schunck* u. *Manfred Budnowski.* Anm.: Henkel & Cie. GmbH, 4000 Düsseldorf (DT). A. 16. 9. 70, B. 23. 3. 72. Kl.: 39b5, 23/12, Int. Kl.: C 08g 23/12. A.-Z.: P 2045666.

USP 3654192. Poly(arylen-s-triazine). Erf.: *Herward Vogel.* Inh.: Minnesota Mining and Manufacturing Co., St. Paul, Minn. A. 19. 8. 68, B. 4. 4. 72. Kl.: 260-2R, Int. Kl.: C 08g 33/00. 21 Anspr. A.-Z.: 753743.

DLP 91569. Verfahren und Vorrichtung zur Aufheizung der Plaste aus Terephthalsäure und Glykol oder des Gemisches aus Plaste und veresterten Produkt bei der kontinuierlichen Herstellung von Polyester. Erf. u. Inh.: *Wolfgang Fichtner, Ute Froboeß, Hansjürgen Malig, Helmut Toll, Joachim Stock* u. *Heinz Viehweg.* A. 20. 1. 71, B. 20. 7. 72. Kl.: 39b5, 35/00, Int. Kl.: C 08g 35/00. A.-Z.: WP C 08g/152599.

JAP 7113833. Polyesterkompositionen. Erf.: *Kiyokazu Tsunawaki, Kiyoshi Nawata* u. *Katsuhisa Watanabe.* Inh.: Teijin Ltd. A. 1. 4. 68, B. 13. 4. 71. Int. Kl.: C 08g, k.

JAP 7115027. Polyesterkompositionen. Erf.: *Takeo Shima, Akiharu Kawase* u. *Masataka Ohshima.* Inh.: Teijin Ltd. A. 23. 1. 68, B. 22. 4. 71. Int. Kl.: C 08g.

C 08k. Zusatzstoffe für allgemeine Anwendung

DTO 2047195. Mittel zum Flammfestmachen von Kunststoffen und Verfahren zu deren Herstellung. Erf.: *Herbert Jenkner.* Anm.: Chemische Fabrik Kalk GmbH, 5000 Köln (DT). A. 25. 9. 70, B. 30. 3. 72. Kl.: 39b7, 1/50, Int. Kl.: C 08j 1/50. A.-Z.: P 2047195.

JAP 7103449. Lichtbeständige, synthetische, substituierte Benzophenone enthaltende Polymere. Erf.: *Hiroshi Miyoshi* u. *Masanori Kanai.* Inh.: Sekisui Chemical Co. Ltd. A. 6. 9. 63, B. 28. 1. 71. Int. Kl.: C 09k, B 01j, C 08k, D 06j.

Sektion D. Textilien und Papier

TEXTILIEN

D 01. Natürliche oder künstliche Fäden oder Fasern; Spinnen

D 01d. Mechanisches Verfahren und Vorrichtungen für die Hertellung von künstlichen Fäden, Gespinsten, Fasern, Borsten oder Bändern

DTO 1660416. Spinnvorrichtung mit beheizten Zahnradpumpen zur Beschickung von Mehrfachdüsen zum Extrudieren synthetischer Fasern. Erf. u. Anm.: *Nobuhisa Kodaira,* Mitaka, Tokio (JA). A. 7. 7. 65, B. 20. 4. 72. Kl.: 29a, 6/31, Int. Kl.: D 01d 1/06. A.-Z.: P 1660416 (K 56559).

DTO 1760154. Spinndüsenplatte zum Schmelzspinnen von Fäden mit nicht kreisförmigem Querschnitt und hiermit hergestellte Fäden. Erf.: *Eugenio Rottenbacher* u. *Francesco Sassanelli.* Anm.: Snam Progetti S.p.A., Mailand (IT). A. 10. 4. 68, B. 13. 4. 72. Kl.: 29a, 6/10, Int. Kl.: D 01d 3/00. A.-Z.: P 1760154. Prior.: 11. 4. 67 (IT; A.-Z.: 14779 A/57).

DTO 1660150. Verfahren und Vorrichtung zum Recken von synthetischen Fäden oder Fadenbündeln. Erf.: *Toshihiko Kihara, Kazuo Jono* u. *Noboru Fukuma.* Anm.: Asahi Kasei Kogyo K. K., Osaka (JA). A. 9. 9. 65, B. 13. 4. 72. Kl.: 29a, 6/06, 6/31, Int. Kl.: D 01d 5/12, D 02j 1/22. A.-Z.: P 1660150 (A 50206). Prior.: 9. 9. 64 (JA; A.-Z.: 51834/64). Entspr. FRP 1446647, GBP 1089944 u. USP 3422491.

DTO 1660237. Verfahren und Vorrichtung zur Herstellung künstlicher Fasern und nach dem Verfahren hergestellte künstliche Fasern. Erf.: *Ferdinando Biffi, Erich Chesi* u. *Oreste Gallina.* Anm.: Bemberg S.p.A., Mailand (IT). A. 4. 10. 67, B. 30. 3. 72. Kl.: 29a, 6/02, Int. Kl.: D 01d 5/06. A.-Z.: P 1660237 (B 94804). Prior.: 7. 10. 66 (IT; A.-Z.: 28649 A/66). Entspr. OEP 295728, CHP 475374 u. FRP 1542879.

DTO 1660308. Verfahren und Vorrichtung zum Schmelzspinnen von synthetischen Fäden. Erf.: *Kamekichi Siba, Tetsuo Tamaki* u. *Ryoichiro Funakoshi.* Anm.: Fuji Spinning Co., Ltd., (Fuji Boseki K. K.), Tokio (JA). A. 5. 7. 66, B. 23. 3. 72. Kl.: 29a, 6/31, Int. Kl.: D 01d 5/08. A.-Z. P 1660308 (F 49626). Prior.: 8. 7. 65 (JA; A.-Z.: 40595, JAP 28773/68. Entspr. FRP 1486022, GBP 1111649 u. USP 3512214.

DTO 1710609. Verfahren zur Herstellung von Fäden aus Polyamiden. Erf.: *Klaus Faenger, Heinz Fessmann, Hermann Linge* u. *Alfred Weher.* Anm.: Badische Anilin- & Soda-Fabrik AG, 6700 Ludwigshafen (DT). A. 11. 11. 68, B. 13. 4. 72. Kl.: 29a, 6/31, Int. Kl.: D 01d 5/08. A.-Z.: P 1710609 (B 96187). Entspr. CHP 505217 u. GBP 1243787.

DTO 2046859. Verfahren und Vorrichtung zum Spinnen von Schmelzen oder Lösungen aus synthetischen Hochpolymeren. Erf.: *Rudolf Kretsch, Wolfgang Meitzner* u. *Johann Spatz.* Anm.: Farbwerke Hoechst AG vorm. Meister Lucius & Brüning, 6230 Frankfurt-Höchst (DT). A. 23. 9. 70, B. 30. 3. 72. Kl.: 29a, 6/31, Int. Kl.: D 01d 5/03. A.-Z.: P 2046859. Entspr. FRP 2108392.

GBP 1281083. Synthetische Verbundfasern, gebildet durch Filmfibrillierung. Inh.: Smith & Nephew Research Ltd. A. 3. 2. 70, B. 12. 7. 72. Kl.: B5.B, Int. Kl.: D 01d 5/00. A.-Z.: 6132/69. Entspr. DTO 2004890 u. FRP 2030319.

GBP 1281305. Kontinuierliches Spinnen und Recken von synthetischen Fäden. Inh.: Snia Viscosa Soc. Nazionale Industria Applicazioni Viscosa. A. 3. 12. 70, B. 12. 7. 72. Kl.: B5.B, Int. Kl.: D 01d 5/16, 9/08. A.-Z.: 57397/70. Prior.: 4. 12. 69 (IT; A.-Z.: 25356).

USP 3658981 (ausgesch. aus Pat. 3470686. A. 23. 10. 67, B. 7. 10. 69. A.-Z.: 677064). Verfahren zum Spinnen von vielfach vermischtem Garn. Erf.: *Roger A. Fleming, William H. Harlacher, Raymond J. Spalek* u. *James B. Lowe*. Inh.: Allied Chemical Corp., New York, N. Y. A. 10. 4. 69, B. 25. 4. 72. Kl.: 264-349, Int. Kl.: B 29b 1/04. 7 Anspr. A.-Z.: 839110. A.-Z.: 677064 vgl. auch USP 3470686. Entspr. DTO 1804444, CHP 488823, FRP 1589801 u. GBP 1202650.

DTO 1660235. Induktiv beheizbare Galette. Erf.: *Gerhard Martens, Karl Bauer, Herbert Turk* u. *Herbert Schiminski*. Anm.: Barmag Barmer Maschinenfabrik AG, 5600 Wuppertal (DT). A. 16. 8. 67, B. 23. 3. 72. Kl.: 29a, 6/31, Int. Kl.: D 01d 13/02. A.-Z.: P 1660235 (B 93997). Entspr. DLP 68327 u. FRP 1583543.

DTO 2053317. Verfahren und Vorrichtung zum gleichmäßigen Erwärmen von laufenden Fäden.: Erf.: *Thomas Lange* u. *Otto Pfannenschmid*. Anm.: Farbwerke Hoechst AG vorm. Meister Lucius & Brüning, 6230 Frankfurt-Höchst (DT). A. 30. 10. 70, B. 4. 5. 72. Kl.: 29a, 6/31, 8b, 33, Int. Kl.: D 01d 13/02, D 06c 1/06. A.-Z.: P 2053317.

DTO 1660311. Spinnaggregat mit Aufspuleinrichtung. Erf.: *Horst Rothert*. Anm.: Fischer, Karl, Apparate- & Rohrleitungsbau, 1000 Berlin (DT). A. 2. 8. 66, B. 30. 3. 72. Kl.: 29a, 6/31, Int. Kl.: D 01d 13/00. A.-Z.: P 1660311 (F 49853). Prior.: 27. 10. 65 (IT; A.-Z.: 24416/65).

DTO 1660633. Vorrichtung zur Herstellung von Kunstfäden nach dem Schmelzspinnverfahren. Erf.: *Johan Paul Nommensen* u. *Hendrik Waning*. Anm.: Stamicarbon N. V., Heerlen (NL). A. 3. 12. 65, B. 6. 4. 72. Kl : 29a, 6/31, Int. Kl.: D 01d 13/00. A.-Z.: P 1660633 (ST 24730). Prior.: 3. 12. 64 (NL; A.-Z.: 6414014). Entspr. CHP 437620, FRP 1455743, GBP 1116099 u. USP 3358326.

D 01f. Chemische Gesichtspunkte bei der Herstellung von künstlichen Fäden, Gespinsten, Fasern, Borsten oder Bändern

JAP 7112906. Aufheller pigmentierter Polypropylenfaserstoffe. Erf.: *Moriaki Yamata* u. *Mitsumasa Nakamura*. Inh.: Dainippon Saika Kogyo. Co. Ltd. A. 25. 12. 67, B. 2. 4. 71. Int. Kl.: C 08f, D 01d, f.

GBP 1279574. Fasern enthaltende Polymerpartikel. Inh.: Imperial Chemical Industries Ltd. A. 14. 12. 70, B. 28. 6. 72. Kl.: B5.B, Int. Kl.: D 01f 7/02. A.-Z.: 2049/70 (verw. Anm. m. A.-Z.: 2050. A. 15. 1. 70). Entspr. DTO 2101823 u. FRP 2075568.

GBP 1280676. Fibrillen von thermoplastischen Polymeren und Verfahren zur Herstellung. Inh.: Gulf Research & Development Co. A. 6. 6. 69, B. 5. 7. 72. Kl.: B5.B, Int. Kl.: D 01f 7/00, G 02g 3/02. A.-Z.: 28673/69.

D 02 Garne. Mechanische Veredelung von Garnen oder Seilen; Schären oder Bäumen

D 02g. Kräuseln oder Krimpfen (Texturieren) von Fasern, Zwirnen oder Garnen; Garne oder Zwirne

DTO 1660234. Verfahren und Vorrichtung zum Behandeln eines aus mehreren Einzelfäden bestehenden Fadenbündels mit einem Gasstrahl. Erf.: *Giorgi Faraci* u. *Giacomo Oerutti*. Anm.: Bemberg S.p.A., Mailand (IT). A. 8. 6. 67, B. 20. 4. 72. Kl.: 29a, 6/20, Int. Kl.: D 02g 1/08. A.-Z.: P 1660234 (B 92915). Prior.: 13. 6. 66 (IT; A.-Z.: 18975).

DTO 1660423. Verfahren und Vorrichtung zum Kräuseln von Garnen mit latenter Fähigkeit, sich zu kräuseln. Erf.: *Masao Matsui* u. *Susumu Tokura*. Anm.: Kanegafuchi Spinning, Co., Ltd., Osaka (JA); u. Snia Viscosa Societa Nazionale Industria Applicazioni Viscosa S.p.A. (IT). A. 14. 4. 66, B. 30. 3. 72. Kl.: 29a, 6/20, Int. Kl.: D 02g 1/18. A.-Z.: P 1660423 (K 59007). Prior.: 14. 4. 65 (JA; A.-Z.: 40/22024). Entspr. FRP 1475545 u. USP 3471605.

DTO 1660513. Verfahren zur Herstellung von kräuselbaren synthetischen Fäden. Erf.: *Ettore Luzzatto*. Anm.: Snia Viscosa Societa Nazionale Industria Applicazioni Viscosa, Mailand (IT). A. 16. 6. 65, B. 23. 3. 72. Kl.: 29a, 6/20, Int. Kl.: D 02g 1/18. A.-Z.: P 1660513 (S. 97648). Prior.: 19. 6. 64 (IT; A.-Z.: 13593/64). Entspr. FRP 1449749, GBP 1103728 u. USP 3315021.

DTO 2053269. Vorrichtung zum Kräuseln von synthetischen Fadenscharen. Erf. nicht genannt. Anm.: Vepa AG, Basel (CH). A. 30. 10. 70, B. 4. 5. 72. Kl.: 29a, 6/20, Int. Kl.: D 02g 1/12. A.-Z.: P 2053269. Entspr. DLP 91122.

DTO 2147848. Vorrichtung zur Förderung oder Behandlung eines Textilgarns. Erf.: *Leon Cavan Jacklin*. Anm.: Imperical Chemical Industries Ltd., London (GB). A. 24. 9. 71, B. 30. 3. 72. Kl.: 29a, 6/20, Int. Kl.: D 02g 1/16, D 02j 1/02. A.-Z.: P 2147848. Prior.: 25. 9. 70 (GB; A.-Z.: 45812/70).

DTO 2151497. Verfahren zur Herstellung gekräuselter synthetischer Garne. Erf.: *Pasquale Corsini, Walter Conti* u. *Antonio Celsi*. Anm.: Snam Progetti S.p.A., Mailand (IT). A. 15. 10. 71, B. 27. 4. 72. Kl.: 29a, 6/20, Int. Kl.: D 02g 1/12. A.-Z.: P 2151497. Prior.: 17. 10. 70 (IT; A.-Z.: 31068 A/70). Entspr. FRP 2111289.

FRP 2107208 (B). Vorrichtung zum Kräuseln synthetischer Faserstoffe. Erf.: *Antonio Celsi*. Inh.: Snam Progetti S.p.A. A. 3. 9. 71, B. 9. 6. 72. Int. Kl.: D 02g 1/00. A.-Z.: 7131844. Prior.: 7. 8. 70 (IT; A.-Z.: 29422 A/70). Entspr. DTO 2144765.

FRP 2109364 (B). Multivalent verwendbare Vorrichtung zum Texturieren von Textilgarnen durch Falschdrahterteilung. Erf.: *Jacques Neveux*. Inh.: Moulinage et Retorderie de Chavanoz. A. 12. 10. 70, B. 30. 6. 72. Int. Kl.: D 02g 1/00. A.-Z.: 7037046. Entspr. DTO 2150541.

FRP 96150 (Zus. z. Pat. 1562898). Verfahren zur Herstellung eines Phantasiegarnes und Vorrichtung für diesen Effekt. Inh.: Société Textile de l'Alma. A 22. 11. 68, B. 19. 5. 72. Int. Kl.: D 02g. A.-Z.: 50653 Rhône. Entspr. GBP 1207549 u. USP 3570233.

FRP 96151 (Zus. z. Pat. 1562898). Verfahren zur Herstellung eines Phantasiegarnes und Vorrichtung für diesen Effekt. Inh.: Société Textile de l'Alma. A. 22. 11. 68, B. 19. 5. 72. Int. Kl.: D 02g. A.-Z.: 50654 Rhône. Entpsr. GBP 1207549 u. USP 3570233.

USP 3658634. Entflammungsverzögernder Verbundstoff des Kernmanteltyps. Erf.: *Masana Yanagi, Itaru Nakamura, Masayuki Ohosugi, Kiyosi Takizawa, Masanori Kakinami* u. *Chikara Sano*. Inh.: Toray Industries, Inc., Tokio (JA). A. 20 8. 70, B. 25. 4. 72. Kl.: 161-175, Int. Kl.: D 02g 3/02, D 06m 13/00. 14 Anspr. A.-Z.: 65392.

D 02j. Veredeln oder Ausrüsten von Fäden, Garnen, Zwirnen, Schnüren, Seilen od. dgl.

DTO 1660414. Vorrichtung zur Belastung der Oberwalzen von Klemmwalzensätzen. Erf.: *Jakob Hofmann*. Anm.: Kugelfischer Georg Schäfer & Co., 8720 Schweinfurt. A. 11. 5. 65, B. 20. 4. 72. Kl.: 29a, 6/31, Int. Kl.: D 02j 1/22. A.-Z.: P 1660414 (K 56086).

FRP 2110642 (B). Voluminöser Effektfaden. Verfahren und Vorrichtung zu dessen Erzeugung. Erf.: *Michel Buzano*. Inh.: Rhodiaceta. A. 22. 10. 70, B. 7. 7. 72. Int. Kl.: D 02j 1/00, D 02g 3/00. A.-Z.: 7038478.

PAPIER

D 21. Papierherstellung; Gewinnung von Cellulose bzw. Zellstoff

D 21c. Gewinnung von Cellulose durch Abscheiden nichtcelluloseartiger Substanzen von cellulosehaltigen Stoffen; Wiedergewinnung der Zellstoffablaugen; Vorrichtungen dafür

SWP 348017. Aufschlußverfahren von Celluloserohmaterial mit Sulfitkochlauge. Erf.: *A. M. Heald* u. *J. D. Robertson*. Inh.: Sonoco Products Co., Hartsville, S. C. (US). A. 21. 12. 67, B. 21. 8. 72. Int. Kl.: D 21c 3/04. A.-Z.: 17561/67.

USP 3654072. Steuern eines chemischen Verarbeitungssystems durch Messung der Schallübertragungseigenschaften desselben. Erf.: *Frank Massa*. Inh.: Massa Division, Dynamics Corp. of America, Hingham, Mass. A. 27. 5. 70, B. 4. 4. 72. Kl.: 162-49, Int. Kl.: D 21c 7/12. 13 Anspr. A.-Z.: 40784.

OEP 302012. Verfahren zum Bleichen von trockenem, durch mechanische Zerfaserung erzeugtem Zellstoffbrei. Erf.: *Norman Liebergott*. Inh.: Pulp and Paper Research Institute of Canada, Pointe Claire (CA). A. 26. 11. 70, B. 15. 1. 72. Kl.: 55c, 6, Int. Kl.: D 21c 9/16. A.-Z.: A 10654/ /70. Prior.: 27. 11. 69 (CA; A.-Z.: 68520).

DLP 91600. Verfahren zur Aufarbeitung von Sulfitzellstoffablaugen auf Mg-Basis. Erf.: *Roland Bayer, Siegfried Jäschke, Horst Schmidt* u. *Günter Weigt*. Inh.: Institut für Zellstoff und Papier. A. 2. 9. 71, B. 20. 7. 72. Kl.: 55b, 3/10, Int. Kl.: D 21c 11/02. A.-Z.: WP D 21c/157481.

FRP 2110733 (B). Rückgewinnung von Schwefel aus den Restlaugen der Zellstofferzeugung. Inh.: Owens-Illinois, Inc. A. 28. 10. 70, B. 7. 7. 72. Int. Kl.: D 21c 11/00. A.-Z.: 7038961.

JaP 7113921. Rückgewinnung von Chemikalien aus Zellstoff-Schwarzlauge. Erf.: *Kauru Schimami*. Inh. Ebora-Infilko Co. A. 30. 10. 68, B. 14. 4. 71. Int. Kl.: D 21c.

JAP 7113923. Rückgewinnung von Chemikalien aus Sulfatzellstoffkochlauge. Erf.: *Kakuo Watanabe, Teiji Nagao* u. *Yoko Watanabe*. A. 5. 7. 68, B. 14. 4. 71. Int. Kl.: D 21c.

Sektion G. Physik

G 01. Messen; Prüfen

G 01n. Untersuchen der chemischen oder physikalischen Eigenschaften von Stoffen

G 01n 1/00. Probennahme; Probenvorbereitung

SWP 347355. Vorrichtung zur automatischen Entnahme und Abmessung von Flüssigkeitsvolumen. Erf.: *S. Thulin*. Inh.: AGA AB, Lidingö. A. 12. 11. 70, B. 31. 7. 72. Int. Kl.: G 01n 1/10. A.-Z.: 15298/70.

Literaturschau

Auszug aus Lieferung 3 und 4/1973 der Literaturschau „Faserstoffe und Textiltechnik", zusammengestellt von der Abteilung Information und Dokumentation des Instituts für Polymerenchemie der AdW der DDR, 153 Teltow-Seehof, Kantstr. 55

I. Wissenschaftliche Grundlagen

Allgemeines

(Untersuchungsmethoden u. a.)

Milaev, S. M., Chanturgaev, G. A., Baldanov, M. M.: Vorrichtung zur automatischen potentiometrischen Titration von nichtwäßrigen Lösungen. Zavodsk. Labor., Moskva (Betriebslabor) 38 (1972) 11, S. 1328.

Physik und Chemie der Hochpolymeren

Brandrup, J.: Polymere Mehrphasensysteme. CZ Chemie-Technik, Heidelberg **1** (1972) 4, S. 161–165.

Tsuda, K.: Hydrodynamische Eigenschaften von starren komplexen Molekülen. 2. Allgemeine Theorie-Methode des einheitlichen Tensors. Kogyo Gijutsuin Sen'i Kogyo Shikensho Kenkyo Hokoku, Yokohama (Bull. Res. Inst. Polymer Textiles jap. Government) (1972) 99(6), S. 7–15 (jap.; engl. Zusammenfass.).

Rosen, M. R.: Fehlerbestimmung für die relative Molekülmasse bei Ungenauigkeit der Konzentration bei Bestimmung der Viskositätszahl. J. appl. Polymer Sci. **16** (1972) 9, S. 2435–2438.

Cohen, M. E., Riggman, B. M., Drechsel, P. D.: Zusammengesetzte Cellulosemembranen für die umgekehrte Osmose. Appl. Polymer Symposia (1970) 13, S. 47–59.

Yamaoka, K., Charney, E.: Untersuchungen des elektrischen Dichroismus von Makromolekülen in Lösungen. I. Theoretische Betrachtungen des elektrischen Dichroismus und des Elektrochromismus. J. amer. chem. Soc. **94** (1972) 26, S. 8963–8974.

Dindojn, V. I., Gončarov, L. V., Filatov, I. S., Judkin, B. I.: IR-spektroskopische Bestimmung der relativen Molekülmasse von Polyphenylenoxid. Plast. Massy, Moskva (Plast. Massen) (1973) 1, S. 66–67.

Schaefer, J.: Anwendung der rauschmodulierten partiellen Entkopplung bei der Interpretation der Kohlenstoff-13-KMR-Spektren von Polymeren. Macromolecules, Washington **5** (1972) 5, S. 590–593.

Doskočilová, D., Schneider, B.: Untersuchung von Polymeren durch kernmagnetische Resonanz bei Rotation um den „magischen Winkel". II. Charakterisierung von Ionenaustauschharzen durch kernmagnetische Hochauflösungs-Resonanz. Macromolecules, Washington **5** (1972) 2, S. 125–127.

Leca, M., Fulea, A. O.: Anwendung der ESR-Spektroskopie für die Untersuchung von kristallinen und orientierten Polymeren. Materiale plast., Bucureşti **9** (1972) 9, S. 482–489.

Moritani, T., Kuruma, I., Shibatani, K., Fujiwara, Y.: Durch magnetische Kernresonanz von Hydroxylprotonen untersuchte Taktizität von Polyvinylalkohol. Macromolecules, Washington **5** (1972) 5, S. 577–580.

Clemett, C. J.: Bestimmung der molaren Substitution von Celluloseäthern mit Hilfe der magnetischen Kernresonanz. Analytic. Chem. **45** (1973) 1, S. 186–188.

Goynes, W. R., Harris, J. A.: Strukturelle Charakterisierung von gepfropften Baumwollfasern durch Mikroskopie. J. Polymer Sci., C: Polymer Symposia (1972) 37, S. 277–289.

Hänsel, H., Casperson, G., Hoffmann, G.: Zu physikalischen Grundlagen der Ionenätzung von Hochpolymeren. Z. physik. Chemie, Leipzig **251** (1972) 3/4, S. 241–251.

Pelzbauer, Z.: Bedingungen für die erfolgreiche Herstellung von Abdrücken für die Elektronenmikroskopie von Polymeren und neue Verfahren zur Gewinnung von Abdrücken. Chem. Listy, Praha (Chem. Bl.) **66** (1972) 11, S. 1212–1214.

Kirste, R. G., Kruse, W. A., Schelten, J.: Die Bestimmung des Trägheitsradius von Polymethylmethacrylat im Glaszustand durch Neutronenbeugung. Makromol. Chemie **162** (1972) S. 299–303.

Prince, F. R., Fredericks, R. J.: Cis-trans-Isomorphie bei 1,4-Bis(aminomethyl)-cyclohexanpolyamiden. Macromolecules, Washington **5** (1972) 2, S. 168–170.

Marichin, V. A., Mjasnikova, L. P., Tuchvatulina, M. Š.: Einfluß der übermolekularen Struktur auf die Verformungs- und Festigkeitseigenschaften von ND-Polyäthylen. Mech. Polimerov, Riga (Mech. der Polymeren) (1972) 6, S. 963–966.

Viswanathan, A.: Einige erklärende Bemerkungen zur Helixstruktur von Cellulose I. J. appl. Polymer Sci **16** (1972) 9, S. 2443–2444.

Yasuda, H., Lamaze, C. E.: Morphologie von modifizierten Celluloseacetatmembranen. Appl. Polymer Symposia (1970) 13, S. 157–167.

Aripov, E. A.: Strukturbildung in wäßrigen Lösungen des Polyelektrolyten K-4. Faserforsch. u. Textiltechnik **24** (1973) 1, S. 10–15.

Przygocki, W.: Homogene Kristallkeimbildung in Polymeren. Polimery, Warszawa **17** (1972) 9, S. 449–452.

Bartenev, G. M., Vališin, A. A.: Zur Theorie des orientierenden Reckens von linearen amorphen Polymeren. I. Gleichungen für das Orientierungsrecken. Mech. Polimerov, Riga (Mech. der Polymeren) (1972) 6, S. 1021–1028.

Montaudo, G., Finocchiaro, P., Maravigna, P., Overberger, C. G.: Konformationseigenschaften von strukturell starren Polyamiden. Konformation von Modelldiamiden. Macromolecules, Washington **5** (1972) 2, S. 197–202.

Tonelli, A. E.: Konformationseigenschaften und Flexibilität von Poly-2,6-disubstituierten-1,4-phenylenoxiden und des Polycarbonats von Diphenylol-2,2'-propan. Macromolecules, Washington **5** (1972) 5, S. 558–562.

Nadarejšvili, L. I., Magradze, T. P.: Einfluß der Anisotropie auf die mechanischen Eigenschaften und die Morphologie der Einschnürung im orientierten Polyäthylen hoher Dichte. Mech. Polimerov, Riga (Mech. der Polymeren) (1972) 6, S. 967–975.

Bajramov, Ju. Ju., Amerik, Ju. B., Krencel, B. A., Polak, L. S., Kurganov, B. I.: Excimere Zustände in Makromolekülen mit Naphthylmethacrylat-Kettengliedern. Opitika i Spektroskopija, Moskva **33** (1972) 5, S. 894 bis 898.

Ginzburg, B. M., Koržavin, L. N., Palinkaš, G., Prochorov, O. E., Tujčiev, Š.: Über die E-Moduli der Kristallgitter einiger Polyimide und kristalliner Elemente von amorphen Polyamidosäuren. Mech. Polimerov, Riga (Mech. der Polymeren) (1972) **6**, S. 1014–1020.

Gandica, A., Magill, J. H.: Eine allgemeine Beziehung für die Kristallisationskinetik von Polymeren. Polymer, London **13** (1972) 12, S. 595 bis 596.

Ovčinnikov, V. A., Žorov, V. A., Baskaev, Z. P.: Elastizität des Kristallgitters von Polyäthylenterephthalat. Mech. Polimerov, Riga (Mech. der Polymeren) (1972) 6, S. 982–986.

Hannes, H.: Interferometrische Messung der Mikrostruktur von synthetischen Fasern. Kolloid-Z. u. Z. Polymere **250** (1972) 8, S. 765–774.

Einaga, Y., Osaki, K., Kurata, M., Tamura, M.: Kriechverhalten von Polymerlösungen. III. Kriechnachgiebigkeit von konzentrierten Polystyrollösungen. Macromolecules, Washington **5** (1972) 5, S. 635–640.

Piperov, N., Sgureva, I.: Einfluß der Alterung einiger Plaste auf die Temperaturabhängigkeit ihrer physikalischen und mechanischen Kennwerte. Plast. Massy, Moskva (Plast. Massen) (1972) 11, S. 49–51.

Boyes, A. P., Ponter, A. B.: Der Rauhigkeitseinfluß auf den Kontaktwinkel von binären Systemen bei Atmosphärendruck und Umgebungstemperatur an Polytetrafluoräthylenoberflächen. J. appl. Polymer Sci. **16** (1972) 9, S. 2207–2213.

Movšovič, I. A., Rojtberg, G. I., Kestel'man, V. N., Voskresenskij, G. L., Rachimov, R. Z.: Untersuchung der Dauerfestigkeit von Thermoplasten an der Luft und in einer physiologischen Lösung. Mech. Polimerov, Riga (Mech. der Polymeren) (1972) 6, S. 1044–1047.

Bert, J. L., Fatt, I., Saraf, D. N.: Dynamik des Wassertransports in Celluloseacetat. Quellungsphänomen. Appl. Polymer Symposia (1970) 13, S. 105–119.

Barclay, L., Harrington, A., Ottewill, R. H.: Die Messung der Kräfte zwischen den Teilchen in dispersen Systemen. Kolloid-Z. u. Z. Polymere **250** (1972) 7, S. 655–666 (engl.).

Ermolenko, I. N., Somova, A. I.: Untersuchung des thermischen Abbaues von Celluloseäthern und -estern bei verschiedenen Temperaturen. Ž. prikl. Chimii (Z. angew. Chemie) **45** (1972) 12, S. 2710–2716.

Kamide, K., Yamaguchi, K.: Über das differentialkalorimetrische Schmelzdiagramm von semikristallinen Polymeren. Makromol. Chemie **162** (1972) S. 205–218 (engl.).

Kokta, B., Luner, P., Suen, R.: Registrierende Differentialkalorimetrie von Celluloseacetat. Appl. Polymer Symposia (1970) 13, S. 169–179.

Bunijat-Zade, A. A., Sagalaev, G. V., Ismajlov, T. M., Svjatoduchov, B. P.: Dilatometrische Bestimmungsmethode der Temperaturabhängigkeit des Kristallinitätsgrades von MD-Polyäthylen. Plast. Massy, Moskva (Plast. Massen) (1972) 12, S. 44–47.

Penzel, E., Schulz, G. V.: Beziehungen zwischen dem Enthalpie- und dem Entropieanteil des zweiten osmotischen Virialkoeffizienten von Cellulosenitratlösungen. Makromol. Chemie **162** (1972) S. 269–274.

Usmanov, Ch. U., Jul'čibaev, A. A., Chalikova, O. Š.: Veränderung der physikalischen und mechanischen Kennwerte von Vinylfluorid/Vinylchlorid-Copolymeren bei der thermischen Nachbehandlung. Plast. Massy, Moskva (Plast. Massen) (1973) 1, S. 50–51.

Shindo, Y., Murakami, M., Nishida, T.: Über die Lösungseigenschaften von chemisch dehydrochloriertem Polyvinylchlorid. J. Polymer Sci., B: Polymer Letters **10** (1972) 7, S. 555–560.

Philipp, B.: Eröffnungsansprache und Einführung in die Thematik beim Internationalen Mikrosymposium über Polyelektrolyte in Rostock am 8. und 9. Oktober 1972. Faserforsch. u. Textiltechnik **24** (1973) 1, S. 1–5.

Srnenský, J.: Die Messung des elektrostatischen Verhaltens von pulverförmigen Kunststoffen. Kautschuk, Gummi, Kunststoffe **25** (1972) 12, S. 569–570.

Bhateja, S. K., Pae, D. K.: Enflüse des hydrostatischen Druckes auf das mechanische Verhalten von Polyimid. J. Polymer Sci., B: Polymer Letters **10** (1972) 7, S. 531–535.

Gevorkjan, A. V., Ovsepjan, M. E., Simonjan, A. Ch., Safarov, A. Š.: Zur Frage der Modifizierung von Polymeren mit Hilfe eines gemeinsamen Lösungsmittels. Ž. prikl. Chimii (Z. angew. Chemie) **45** (1972) 12, S. 2696–2699.

Guillet, J. E.: Photochemie in makromolekularen Systemen. Naturwiss. **59** (1972) 11, S. 503–509 (engl.).

Dobrochotova, M. K., Farberova, I. I., Ivanova, S. L., Radjukevič, O. V., Vlasova, K. N.: Einige Eigenschaften und Anwendungsbereiche von Polyamid-12. Plast. Massy, Moskva (Plast. Massen) (1973) 1, S. 29–32.

Seregina, V. I., Klimanova, R. S. Komarova, L. G., Bekasova, N. I., Koršak, V. V.: Einfluß von γ-Strahlung auf die Eigenschaften von carboranhaltigem Polyamid. Plast. Massy, Moskva (Plast. Massen) (1972) 11, S. 27–28.

Ratner, B. D., Miller, I. F.: Wechselwirkung von Harnstoff mit Poly-2-hydroxyäthylmethacrylat-Hydrogelen. J. Polymer Sci., A-1: Polymer Chem. **10** (1972) 8, S. 2425–2445.

Skerrett, R. J.: Analyse der reversiblen Aggregation von Makromolekülen in einem Zentrifugalfeld. J. chem. Soc. Faraday Trans. I. **68** (1972) 7 S. 1328–1338.

Böhmer, V., Wörsdörfer, K.: Der Einfluß benachbarter Grundbausteine auf die Ammonolyse von Essigsäureestern phenolischer Mehrkernverbindungen. Makromol. Chemie **162** (1972) S. 81–92.

Volkova, M. V., Klimova, O. M.: Eigenschaften der Äther von Polymeren bzw. Copolymeren von Vinylenglykol und Vinylalkohol. Ž. prikl. Chimii (Z. angew. Chemie) **45** (1972) 9, S. 2112–2114.

Suvorova, A. I., Šolochovič, T. I., Solodovnik, V. A., Tager, A. A.: Einfluß der chemischen Natur des Lösungsmittels auf die dielektrischen Eigenschaften von Polymethylmethacrylatlösungen. Vysokomol. Soed. (Hochmol. Verbind.) Serie A **14** (1972) 12, S. 2674–2678.

Simionescu, Ch., Vasiliu-Oprea, Cl., Neguleanu, Cl.: Mechanochemisch synthetisierte Polychelate. II. Die mechanochemische Komplexierung durch Schwingmahlung von Poly(äthylenterephthalat) in Gegenwart von Äthylendiamin und Mangansalzen. Makromol. Chemie **163** (1973) S. 75–88.

Physik und Chemie der Monomeren und Oligomeren

Vítovec, J., Hančil, V.: Sublimation von Terephthalsäure während der thermischen Zersetzung ihres Ammoniumsalzes in Wirbelschicht. Chem. Prům, Praha (Chem. Ind.) **22**(47) (1972) 19, S. 448–451.

Hovorka, J.: Polarographische Bestimmung von Äthylenglykol in der Luft. Chem. Prům., Praha (Chem. Ind.) **22**(47) (1972) 12, S. 628–630.

Rešetova, L. I., Moračevskij, A. G.: Untersuchung der Phasengleichgewichte im System: ε-Caprolactam/Hexamethylenimin/Wasser. Ž. prikl. Chimii (Z. angew. Chemie) **45** (2972) 11, S. 2604–2606.

Ebihara, S., Okada, A.: Synthese von Oligo-ε-aminocapronsäuren nach der Festphasenmethode. Kogyo Gijutsuin Sen'i Kogyo Shikensho Kenkyo Hokoku, Yokohama (Bull. Res. Inst. Polymers Textiles jap. Government) (1972) 99(6), S. 1–5 (jap.; engl. Zusammenfass.).

Polymerisation

Tiller, H.-J., Breitbarth, F., Kühn, W., Meyer, K.: Plasmapolymerisation an Oberflächen. Z. Chemie **12** (1972) 12, S. 456–460.

Keim, G. I., Christman, D. L., Kangas, L. R., Keahey, Sh. K.: Wechselwirkung zwischen Monomeren und Polymeren. Untersuchung durch radioaktive Markierung unter Einbeziehung der homogenen *Ziegler*-Katalyse. Macromolecules, Washington **5** (1972) 2, S. 217–222.

Aoyagi, T., Araki, T., Tani, H.: Organoaluminiumkatalysatoren für Polymerisationsreaktionen. Der Einfluß von Metallhydroxiden auf die katalytische Aktivität des Systems $Al(C_2H_5)_3/H_2O$. Makromol. Chemie **163** (1973) S. 45–58 (engl.).

Gorbunov, B. N., Nazarov, A. A., Protopopov, P. A., Chardin, A. P.: Neues Verfahren zur Darstellung von Fluordesoxycellulose. Vysokomol. Soed. (Hochmol. Verbind.) Serie A **14** (1972) 12, S. 2527–2530.

Simionescu, C. I., Oprea, S.: Untersuchungen zur Pfropfung von Cellulose mit Acryl- und Methacrylderivaten. J. Polymer Sci., C: Polymer Symposia (1972) 37, S. 251–263.

Hopfenberg, H. B., Stannett, V., Kimura, F., Rigney, P. T.: Herstellung neuer Membranen durch strahlungsinduzierte Pfropfung von Styrol auf Celluloseacetat. Appl. Polymer Symposia (1970) 13, S. 139–155.

Guthrie, J. T., Huglin, M. B., Phillips, G. O.: Pfropfung auf Cellulose durch gleichzeitige Bestrahlung. J. Polymer Sci., C: Polymer Symposia (1972) 37, S. 205–219.

Gaylord, N.: Vorschlag eines neuen Mechanismus für die katalysierte und nichtkatalysierte Pfropfung auf Cellulose. J. Polymer Sci., C: Polymer Symposia (1972) 37, S. 153–172.

Dilli, S., Garnett, J. L., Martin, E. C., Phuoc, D. H.: Rolle von Zusätzen bei der strahlungsinitiierten Pfropfung von Monomeren auf Cellulose. J. Polymer Sci., C: Polymer Symposia (1972) 37, S. 57–118.

Simionescu, C. I., Rusan, V.: Synthese einiger Polysaccharide und ihre Pfropfung nach einem anionischen Mechanismus. J. Polymer Sci., C: Polymer Symposia (1972) 37, S. 173–186.

Nakamura, Y., Hinojosa, O., Arthur, C., jr.: Pfropfung von Äthylacrylat auf γ-bestrahlte Baumwollcellulose I und II. J. Polymer Sci., C: Polymer Symposia (1972) 37, S. 47–55.

Imai, Y., Okunoyama, H.: Herstellung und Eigenschaften von Polyamidsulfonamiden. J. Polymer Sci., A-1: Polymer Chem. **10** (1972) 8, S. 2257–2264.

Heitz, W., Wirth, Th., Peters, R., Strobl., G. Fischer, E. W.: Synthese und Eigenschaften molekulareinheitlicher n-Paraffine bis zum $C_{140}H_{282}$. Makromol. Chemie **162** (1972) S. 63–79.
Družkov, V. N., Zacharov, A. V., Kušnareva, E. G., Grabovskij, Ju. P., Emirova, I. V., Ermakov, Ju. I.: Polymerisation von Äthylen in der Gasphase in Gegenwart eines Chromoxid-Katalysators. Plast. Massy, Moskva (Plast. Massen) (1973) **1**, S. 6–9.
Watanabe, T., Wada, T., Machi, S., Takehisa, M.: Verteilung der relativen Molekülmasse in durch Strahlungspolymerisation in einem heterogenen System hergestelltem Polyäthylen. J. Polymer Sci., B: Polymer Letters **10** (1972) 9, S. 741–745.
Zambelli, A., Tosi, C., Sacchi, C.: Polymerisation von Propylen zu einem syndiotaktischen Polymeren. VI. Monomeranlagerung. Macromolecules, Washington **5** (1972) S. 649–654.
Ulbricht, J., Seidel, W.: Zur Polymerisation von Vinylchlorid mit dem Redoxsystem Ammoniumzernitrat-Bortriäthyl-Ammoniak-Komplex als Initiator. Plaste u. Kautschuk **20** (1973) 1, S. 6–7.
Schrage, K.: Die Herstellung von thermoplastisch verarbeitbarem Tieftemperatur-Masse-Polyvinylchlorid. Angew. makromol. Chemie, Basel **23** (1972) S. 57–81.
Bengough, W. I., Chawdry, N. M.: Einfluß von Metallsalzen auf Vinylpolymerisation. Teil 8. Polymerisation von Vinylchlorid in Gegenwart von Eisen(III)-chlorid. J. chem. Soc. Faraday Trans. I **68** (1972) 10, S. 1807–1813.
Szewczyk, P., Zalwert, St., Pietkiewicz, H., Klaczak, M.: Untersuchung des Einflusses der Polymerisationsbedingungen auf die Verteilung der relativen Molekülmassen von Polyvinylacetat und Polyvinylalkohol. I. Polyvinylacetat. Polimery, Warszawa **17** (1972) 10, S. 515–516.
Novoselova, A. V., Vol'f-Magdeburgskaja, S. M., Erusalimskij, B. L.: Polymerisation von Acrylnitril unter Einwirkung von Lithiumdipropylbutylcarbinolat. Vysokomol. Soed. (Hochmol. Verbind.) Serie A **14** (1972) 12, S. 2621–2626.
Yamashita, N., Kunitani, Sh., Komiyama, Sh., Yoshihara, M., Maeshima, T.: Copolymerisationen von 2-Vinyl-4-substituierten-1,3-dioxolanen mit Acrylnitril. J. Polymer Sci., B: Polymer Letters **10** (1972) 9, S. 675–678.
Fritz, A., Rees, R. W.: Synthese von Arylenisopropylidenpolymeren. J. Polymer Sci., A-1: Polymer Chem. **10** (1972) 8, S. 2365-2378.
Laube, B. L., Higgins, J.: Elektrokondensationspolymere: Elektrochemische Kondensation von aromatischen Diacetylverbindungen. J. Polymer Sci., A-1: Polymer Chem. **10** (1972) 8, S. 2389–2402.
Kranz, D., Beck, M.: Polymerisationsenthalpie der ringöffnenden Polymerisation von Cyclopenten (CPE) zu trans-Polypentenamer (TPR) Angew. makromol. Chemie, Basel **27** (1972) S. 29–35.
Rozenberg, B. A., Efremova, A. I., Enikolopjan, N. S.: Über die Rolle der Makromoleküle bei der Copolymerisation von Heterocyclen. Vysokomol. Soed. (Hochmol. Verbind.) Serie A **14** (1972) 12, S. 2576–2586.
Hiramoto, T., Nishii, M., Hayashi, K., Okamura, S.: Abbruchmechanismus der Polymerisation von 1, 2-Cyclohexenoxid im plastischkristallinen Zustand. J. Polymer Sci., B: Polymer Letters **10** (1972) 7, S. 511–513.

II. Faserstoffe. Ausgangsstoffe usw.

Aanei, C: Die Verarbeitung von Flachs in Mischung mit Polyesterfasern. Ind. textilă, Bucureşti **23** (1972) 12, S. 720–722.

Naturfaserstoffe

Pflanzliche Faserstoffe

Hartenhauer, H.-P.: Der Baumwollanbau in der UdSSR und die Baumwollverarbeitung in der DDR – Bestandteil der sozialistischen ökonomischen Integration. Dt. Textiltechnik **22** (1972) 12, S. 734–735.
Rowland, St. P., Roberts, E. J.: Die Art der zugänglichen Oberflächen in der Mikrostruktur von Baumwollcellulose. J. Polymer Sci., A-1: Polymer Chem. **10** (1972) 8, S. 2447–2461.

Tierische Faserstoffe

Szuba, M.: Untersuchungen über einige Aspekte des Schutzes der Eier von Seidenraupen-Polyhybriden (Bombyx mori L.) unter den klimatischen Bedingungen Polens. Pr. Labor. Jedwabiu naturaln. (Arb. Labor. Naturseide) **17** (1972) 26, S. 5–25.
Christov, D.: Untersuchung über einige in Bulgarien gezüchtete polnische Seidenraupenhybriden. Pr. Labor. Jedwabiu naturaln. (Arb. Labor. Naturseide) **17** (1972) 26, S. 45–59 (franz., poln.).
Shiozaki, H., Tanaka, Y.: Additionsreaktion von multifunktionellen Epoxiden mit Seidenfibroin. Kogyo Gijutsuin Sen'i Kogyo Shikensho Kenkyo Hokoku, Yohohama (Bull. Res. Inst. Polymers Textiles jap. Government) (1972) 99 (6), S. 27–36 (jap.; engl. Zusammenfass.).

Chemiefaserstoffe

Jahrestabellen 1972 der US-Produzenten über Feinheiten und Elementarfäden. Mod. Textiles Mag. **53** (1972) 9, S. 35–46.
Balcerzyk, E.: Porosität von Faserstoffen. I. Nach dem Naßspinnverfahren hergestellte Faserstoffe. Polimery, Warszawa **17** (1972) 11, S. 549–553.

Cellulose und Zellstoff

LePoutre, P. F., Hopfenberg, H. B., Stannett, V.: Einfluß der Pfropfung von Vinylmonomeren auf Kinetik und Gleichgewicht der Wassersorption durch Cellulose. J. Polymer Sci., C: Polymer Symposia (1972) 37, S. 309 bis 324.
Stovčik, I., Mistrik, J.: Chromatographische Bestimmung der Monosaccharide in Holzhydrolysaten. Chem. Prûm., Praha (Chem. Ind.) **22 (47)** (1972) 10, S. 510–513.

Regeneratfaserstoffe

Williams, J. L., Stannett, V.: Post-Dekristallisation von gepfropften Faserstoffen zur Erzielung von hochelastischen Faserstoffen. J. Polymer Sci., B: Polymer Letters **10** (1972) 9, S. 665–668.

Synthetische Faserstoffe

Gilby, R. F.: Synthetische Faserstoffe für industrielle Zwecke. Mod. Textiles Mag. **53** (1972) 9, S. 71–73.
Łaszkiewicz, B., Łewandowski, Z.: Erspinnen von aromatischen Polyamidfaserstoffen. Polimery, Warszawa **17** (1972) 9 S. 452–456.
Ancupov, Ju. A., Volodin, V. P., Kuvšinskij, E. V.: Gleichmäßige einachsige Dehnung von Polyäthylenen. Einfluß der Geschwindigkeit der Verformung. Mech. Polimerov, Riga (Mech. der Polymeren) (1972) 6, S. 987–992.
Španić, K.: Polypropylenfaserstoff. Hemijska Vlakna, Loznica/Jugoslaw. (Chem. Fasern) **11** (1971) 4, S. 8–11.
KYNOL – eine neue Faser für Strickwaren, die für technische Verwendungszwecke bestimmt sind. Inform. Přehled, Výzkumný Úst. Pletařský, Brno (Inform-Übers. Wirkerei-Inst.) (1972) **3**, S. 33–35.

Künstliche mineralische Faserstoffe

Kurkin, V. P., Demidova, L. S.: Einfluß der Luftfeuchte auf die Warmfestigkeit von Glasfäden. Ž. prikl. Chimii (Z. angew. Chemie) **45** (1972) 9, S. 2072–2074.
Gunjaev, G. V.: Über die Realisierung der mechanischen Eigenschaften von Faserstoffen in Hochmodul-Polymerverbunden. Mech. Polimerov, Riga (Mech. der Polymeren) (1972) 6, S. 1123–1125.
Carbon '72. Chemie-Ing.-Technik **44** (1972) 23, S. 1319–1326.
Frolov, V. I., Barabanov, V. N., Zajcev, G. G., Moskalev, L. A., Evdokimov, V. M.: Methoden zur Bestimmung der Querschnittsfläche von Kohlenstoffmonofilen. Zavodsk. Labor., Moskva (Betriebslabor) **38** (1972) 11, S. 1382–1384.

III. Fäden-Herstellungstechnologien

Spinnerei. Zwirnerei

Isler, H. J.: Pavena – ein neuer Versuch zur Herstellung textiler Flächengebilde aus Spinnfasern. Textile Manuf. **99** (1972) 1172, S. 19–21, 23, 25.

Spinnereivorbereitung

Petkanova, N., Urumova, D.: Technologische Untersuchungen einiger Streckwerke für Vorspinnmaschinen. Tekstil. Prom., Sofija (Textil-Ind. 21 (1972) 10, S. 485–488.

Spinnerei

Malinowski, M., Stasiak, M., Tyszkiewicz, D.: Beurteilung der Verspinnbarkeit von Wolle auf der Grundlage eines Probespinnens. Przegl. włókienn. (Textil-Rdsch.) **26** (1972) 9, S. 496–501.
Spinnereiservice für Weber und Wirker. Automatisierung für die Zukunft verwirklicht. Textilbetrieb **90** (1972) 12, S. 81–82.

Zwirnerei

Czépreghy, G.: Einheimische Erfahrungen mit verschiedenen Zwirntechnologien. Magyar Textiltechn. **24** (1972) 12, S. 625–632.

Erzeugnisse der Spinnerei und Zwirnerei

Sudra, A., Bohacz, B.: Analyse des Wertes der Schrumpfkoeffizienten von Baumwoll- und baumwollähnlichen Garnen im Zwirnprozeß. Technik włókienn. (Textiltechn.) **21** (1972) 10, S. 305–307.
K'osev, K., Ivanova, V.: Untersuchung über den Einfluß von Wasser, Dampf und Heißluft auf die Schrumpfung von Baumwoll-Nähfäden. Tekstil. Prom., Sofija (Textil-Ind.) **21** (1972) 10, S. 496–497.

Texturfäden

Gleichzeitiges Recken und Texturieren. Vêtir, Paris (1972) 177, S. 79–80.

Sonstige Fäden

Hajmásy, T., Winkler, I.: Einige Aspekte der Fertigung und Prüfung von gestreckten und fibrillierten Polyolefin-Spaltfasergarnen. Magyar Textiltechn. **24** (1972) 12, S. 657–661.

IV. Flächengebilde-Herstellungstechnologien

Wolff, R.: Die Erfahrungen mit Stahlfaserbeimischungen. Boden, Wand, Decke **19** (1973) 1, S. 110–111.

Materialvorbereitung

Ramaszéder, K.: Modernes Schlichten mit wasserlöslichen Polyacrylaten. Kolor. Ertesitö, Budapest (Kolor. Rdsch.) **14** (1972) 9/10, S. 247–254.
Wolf, H.: Moderne Mittel und Methoden zum Schlichten von Chemiefasern. Melliand Textilber. internat. **53** (1972) 12, S. 1354–1347.

Weberei

Hommel, M.: Einsprung und Rietberechnung bei Bändern. Band- u. Flechtind. **9** (1972) 4, S. 148, 150–151, 154 (dt., engl., farnz.).
Szocsevka, F.: Über die einheimischen Erfahrungen mit verschiedenen Webmethoden und die technologischen Bedingungen eines wirtschaftlichen Betriebes. Magyar Textiltechn. **24** (1972) 12, S. 633–641.

Erzeugnisse der Weberei

van de Wiele, J.: Beitrag zur Kenntnis der Gewebebindungstechnik. IV. Textilis, Gent **28** (1972) 12, S. 13–18.
Die Rolle der Wolle in der Tufttteppichindustrie. Textile J. Australia **47** (1972) 7, S. 20–22.
Möller, H.: Stoffe für den Sonnenschutz. Chemie- und Naturfasergewebe spenden Schatten. Textilbetrieb **90** (1972) 12, S. 53–56.
Satlow, G.: Das Phänomen der elektrostatischen Aufladung bei Einsatz von textilen Fußbodenbelägen. Boden, Wand, Decke **19** (1973) 1, S. 106–110.
Jurisch, F.: Qualitative Gesichtspunkte zur Auswahl geeigneter Tuftingträger. Boden, Wand, Decke **19** (1973) 1, S. 100, 102, 104–105.

Wirkerei- und Strickerei-Technologie

Nagl, F.: Spinnfasergarne auf Kettenwirkmaschinen. Melliand Textilber. internat. **53** (1972) 12, S. 1366–1370.
Bewertungsverfahren für Rundstrickmaschinen. Melliand Textilber. internat. **53** (1972) 12, S. 1373.
Hagiu, E., Budulan, R.: Berechnung der Fadenzugkräfte bei der Verarbeitung von Garnen auf Interlock-Großrundstrickmaschinen des Typs „KOVO-UNIPLET". Ind. textilă, Bucureşti **23** (1972) 12, S. 723–726.
Nutzeffekt bei Rundstrickmaschinen unter Berücksichtigung der Garnzuführung. Melliand Textilber. internat. **53** (1972) 11, S. 1251–1256.

Erzeugnisse der Wirkerei und Strickerei

Grebowski, J.: Zylinderstrickmaschine Modell „Urit TD" zur Herstellung von Jacquardgestricken mit großem Musterungsrapport. Technik włókienn. (Textiltechn.) **21** (1972) 10, S. 316–320.

Belkowa, H., Kubacki, Z.: Einfluß des Waschprozesses von Trikotagen auf die Veränderungen der Mikrooberfläche von Polyamid- und Polyacrylnitrilfasern. Przegl. włókienn. (Textil-Rdsch.) **26** (1972) 9, S. 514–520.

Konfektion

Ionilă, V.: Maßsysteme, die in der Konfektionsindustrie und im Handel einiger europäischer Länder benutzt werden. Ind. textila, Bucureşti **23** (1972) 11, S. 669–672.

Textilverbundstoffe

Faserverbundstoffe. Vliesstoffe

Tichomirov, V. B.: Prognose des wissenschaftlichen Fortschrittes auf dem Gebiet der nach chemisch-physikalischen Verfahren hergestellten Vliesstoffe. Dt. Textiltechnik **22** (1972) 12, S. 735–737.

Schichtstoffe

Entwicklungstendenzen auf dem Tuftingsektor. Teppichware bleibt am Ball. Textilbetrieb **90** (1972) 12, S. 66–68.

V. Textilveredlung

Senner, P.: Wie kann die Produktivität in der Textilveredlungsindustrie gesteigert werden? Textilveredlung, Weinfelden/Schweiz **7** (1972) 11, S. 732–737.

Farbstoffe. Textilhilfsmittel

Übersicht über Druckfarbstoffe für Maschenstoff. Knitting Times **41** (1972) 25, S. 39–51.

Suda, Y., Nakajima, F.: Adsorptionsisotherme von Direct Sky Blue FF aus wäßrigen alkoholischen Lösungen. Kogyo Gijutsuin Sen'i Kogyo Shikensho Kenkyo Hokoku, Yokohama (Bull. Res. Inst. Polymers Textiles jap. Government) (1972) 99(6), S. 57–62 (jap.; engl. Zusammenfass.).

Schwuger, M. J.: Beitrag zur Kenntnis der solubilisierenden Eigenschaften nichtionogener Tenside. Kolloid-Z. u. Z. Polymere **250** (1972) 7, S. 703 bis 710.

Sedyševa, L. P., Vrevskij, B. M., Roskin, E. S.: Elektrometrische Bestimmung der Konzentration von Tensiden mit Hilfe von Membranelektroden. Ž. prikl. Chimii (Z. angew. Chemie) **45** (1972) 10, S. 2331–2332.

Dudkin, M. S., Jacuk, A. F., Škantova, N. G.: Gewinnung von Polyaldehydstärke und Synthese ihrer Derivate. Ž. prikl. Chimii (Z. angew. Chemie) **45** (1972) 9, S. 2066–2070.

Brockman, A. L. S.: Chemikalien für die Textilindustrie. Teil 7. Fasergleitmittel und -bearbeitungshilfsmittel. Textile J. Australia **47** (1972) 8, S. 62, 66.

Zeit, G.: Phosphatsubstitute und phosphatfreie Waschmittel im Lichte der Patentliteratur. Chem.-Ztg., Heidelberg **96** (1972) 12, S. 685–691.

Bleicherei. Sonstige Vorbehandlungsverfahren der Textilveredlung

Rösch, G.: Optisches Aufhellen von Textilien aus Polyacrylnitrilfasern und Wolle. Hemijska Vlakna, Loznica/Jugoslaw. (Chem. Fasern) **12** (1972) 1/2, S. 5–9.

Kalinowski, S.: Vorbereitung von Maschentextilien für das Färben und Bedrucken. Brit. Knitting Ind. **45** (1972) 521, S. 102–103.

Neveling, V., Sebb, W.: Die Behandlung von Textilgut unter Normaldruck bei erhöhter Temperatur. Textilbetrieb **90** (1972) 11, S. 65–70.

Färberei

von der Eltz, H.-U.: Ist das Färben aus Sattdampf bei hohen Temperaturen noch aktuell? Textilveredlung, Weinfelden/Schweiz 7 (1972) 11, S. 757 bis 762.

Uhlig, H.: Thermo-SR-Verfahren mit substantiven Farbstoffen. Bayer-Farben-Rev., Leverkusen (1972) 22, S. 36–43.

Urbanik, A., Etters, J. N.: Färbegeschwindigkeit und Aktivierungsenergie beim Thermofixierverfahren. Textilveredlung, Weinfelden/Schweiz **7** (1972) 7, S. 440–444 (engl.).

Rodina, W., Bartholome, M.: Einfluß der Temperatur auf die Qualität der Wolle beim Färben mit Chromfarbstoffen. Bayer-Farben-Rev., Leverkusen (1972) 22, S. 44–52.

Cegarra, J., Puente, P., Tolosa, F.: Migration von Dispersionsfarbstoffen in Triacetatfaserstoffen. Textilveredlung, Weinfelden/Schweiz **7** (1972) 7, S. 433–439.

Beckmann, W., Hammacher, H.: Zum Färben anionisch modifizierter Polyesterfasern mit kationischen Farbstoffen. Bayer-Farben Rev., Leverkusen (1972) 22, S. 22–27.

Hammer, H.-W.: Praxis des Färbens anionisch modifizierter Polyesterfasern im Ausziehverfahren. Bayer-Farben. Rev., Leverkusen (1972) 22, S. 28–35.

Gritčenko, L. V., Kalontarov, I. Ja.: Wechselwirkung eines Farbstoffes, der einen 1,2-Dicarbonsäurerest enthält, mit Polyamiden. Ž. prikl. Chimii (Z. angew. Chemie) **45** (1972) 12, S. 2772–2774.

Obrist, F.: Kriterien für die Neueinrichtung einer Garnfärberei. Textilveredlung, Weinfelden/Schweiz **7** (1972) 11, S. 725–728.

Albrecht, P., Fabbri, S., Furrer, W.: Bunteffekte durch örtliches Färben oder örtliche Reservierung der Garne. Textilveredlung, Weinfelden/Schweiz **7** (1972) 11, S. 741–749.

Druckerei

Reinhardt, F.: Untersuchung neuer Druckfixierverfahren durch die Fa Hoechst. Internat. Dyer, Textile Printer, Bleacher, Finisher **148** (1972) 9 S. 513–516.

Mehrfarbendruck. Internat. Dyer, Textile Printer, Bleacher, Finisher **148** (1972) 8, S. 463, 465.

Vellins, C. E.: Umdruck: Farben für das neue Verfahren. Textile J. Australia **47** (1972) 6, S. 26–28, 32.

Übersicht über Walzen- und Filmdruckmaschinen. Knitting Times **41** (1972) 25, S. 35–38.

Kassenbeck, P., Neukirchner, A.: Mikroskopische und kinematographische Studien über Vorgänge beim Textil-Rouleaux-Druck. Melliand Textilber. internat. **53** (1972) 11, S. 1261–1264.

Vâlu, F., Hanganu, A.: Einfluß des elektrischen Hochfrequenzfeldes beim Bedrucken von Geweben aus Polyesterfaserstoffen mit Dispersionsfarbstoffen. Ind. textilă, Bucureşti **23** (1972) 12, S. 731–736.

Ausrüstung. Trocknung

Dasgupta, S.: Industrieller Einsatz von strahlungsgepfropfter Baumwolle. J. Polymer Sci., C: Polymer Symposia (1972) 37, S. 333–348.

Sakurada, I., Okada, T., Kaji, K.: Einige Probleme der strahlungsinitiierten Pfropfung von Cellulosefaserstoffen. J. Polymer Sci., C: Polymer Symposia (1972) 37, S. 1–25.

Shaw, T.: Entwicklung eines Bügelfreiausrüstungsprozesses für Gewebe aus 100% Wolle. Textile Manuf. **99** (1972) 1172, S. 32–36.

Eisele, D.: Zur Flammbarkeit und flammhemmenden Ausrüstung von Vliesstoffen. Melliand Textilber. internat. **53** (1972) 11, S. 1289–1294.

Kusch, P., Lubig, R., Töpert, G.: Ein neues Verfahren zur chemischen Fixierung von Krimmergarn. Melliand Textilber. internat. **53** (1972) 12, S. 1393–1395.

Müller, J.: Beflocken textiler Flächengebilde. Melliand Textilber. internat. **53** (1972) 12, S. 1380–1384.

Woolard, D. J.: Das Geraderichten von Maschenware vor dem Spannrahmen. Textilbetrieb **90** (1972) 11, S. 61–64.

Wäscherei. Chemische Reinigung

Waschmittelphosphate und -phosphatsubstitute. Nachr. Chemie Technik **20** (1972) 20, S. 411–412. In: Angew. Chemie **84** (1972) 20.

Reményi, G.: Wäscheeinsatz und Waschverfahren in den ungarischen Wäschereien des Gesundheitswesens. Textilreinigung **20** (1973) 1, S. 13 bis 15.

Králik, I., Szücs, M.: Der Einsatz biologisch aktivierter Waschmittel beim Waschen in den Textilbetrieben. Magyar Textiltechn. **24** (1972) 12, S. 662–666.

VI. Werkstoffprüfung. Meß- und Prüftechnik. Standardisierung

Eigenschaften und Fehler der Textilmaterialien u. a.

Stasiak, M., Grabowska, B.: Möglichkeit eines Einsatzes von modernen Waschvorrichtungen zur Untersuchung der Gewebeschrumpfung. Przegl. włókienn. (Textil-Rdsch.) **26** (1972) 9, S. 508–514.

Dorset, B. C. M.: Verschmutzung und Verfärben textiler Flächengebilde. Textile Manuf. **99** (1972) 1172, S. 27–29, 31.

Jones, B. F., Peggs, I. D.: Festigkeitserhöhung von Kohlenstoff-Fasern durch Bestrahlung mit schnellen Neutronen. Nature, London **239** (1972) 5367, S. 95–96.

Hilyard, N. C., Elder, H. M., Hari, P. K.: Zeit-Einflüsse und die Messung der Knittererholung. J. Textile Inst. **63** (1972) 12, S. 627–635.

Organische Hochmodulfaserstoffe bieten Vielseitigkeit. Chem. engng. News **50** (1972) 16, S. 33–34.

Meß- und Prüftechnik

Kevorkjan, A., Toleva, J., Teodosibva, N.: Anwendung der mathematischen Statistik bei der Qualitätskontrolle in der Wollspinnerei. Tekstil. Prom., Sofija (Textil-Ind.) **21** (1972) 10, S. 480–484.

Andreevska, L.: Physikalisch-mechanische Eigenschaften des nach JUS standardisierten Acrylfaserstoffs Malon. Hemijska Vlakna, Loznica/Jugoslaw. (Chem. Fasern) **12** (1972) 1/2, S. 3–5.

Agrikov, Ju. M., Tumanov, L. A., Sermergor, T. D.: Verfahren zum Einspannen von Kohlenstoffäden bei Hochtemperaturprüfungen. Zavodsk. Labor., Moskva (Betriebslabor) **38** (1972) 11, S. 1388.

Hersh, S. P., El-Shiekh, Aly: Überlegungen zur Energie während der Erholung von Teppichen. J. Textile Inst. **63** (1972) 12, S. 660–663.

Hadwich, F.: Längenmessung von Baumwolle mit verschiedenen Prüfgeräten und Vergleich der gemessenen Werte mit den Klassierstapellängen. Melliand Textilber. internat. **53** (1972) 12, S. 1320–1327.

Zahn, H.: Neue Ergebnisse der Synthesefasergruppe im Deutschen Wollforschungsinstitut. Melliand Textilber. internat. **53** (1972) 12, S. 1317 bis 1319.

Standardisierung. Terminologie

Langmann, W.: Die Nomenklatur der Tenside (zum Erscheinen des Normblatts DIN 53900 „Tenside, Begriffe". Tenside, München **10** (1973) 1, S. 23.

VII. Betriebstechnik. Ökonomie. Tagungsberichte und dgl.. Sonderfragen

Betriebstechnik

Sterling, W. K.: Hochregallager – ein Rationalisierungsschlager. Textilbetrieb **90** (1972) 11, S. 33–34.

Cadotte, J. E., Rozelle, L. T., Petersen, R. J., Francis, P. S.: Wassertransport durch ultradünne Membranen aus Mischderivaten der Cellulose mit Äther- und Estergruppen. Appl. Polymer Symposia (1970) 13, S. 73–83.

Festere transparente Verpackungen für Rollen. Textile J. Australia **47** (1972) 7, S. 14–16.

Aščik, K.: Untersuchung der Arbeitsschutz- und Arbeitshygienebedingungen in einer Beschauabteilung der Wollindustrie. Technik włókienn. (Textiltechn.) **21** (1972) 10, S. 333–335.

Skrinde, R. T., Short, W., Smola, D. J.: Behandlung von Abwässern mittels umgekehrter Osmose. Appl. Polymer Symposia (1970) 13, S. 323–334.

Ökonomie

Produktionszunahme für Terephthalsäure. Chem. engng. News **50** (1972) 16, S. 14.

Kern, R.: Färberei und Weltwirtschaft – heute und morgen. Textilveredlung, Weinfelden/Schweiz **7** (1972) 11, S. 717–722.

Heitmiller, R. F.: Textil, Horoskop – die Kraft der Veränderung. Mod. Textiles Mag. **53** (1972) 9, S. 19, 20, 22–24.

Amler, H.: Die Entwicklung der Masche weltweit – Rückblick und Ausblick. Melliand Textilber. internat. **53** (1972) 12, S. 1353–1356.

Erfreuliche Prognosen ermutigen die europäischen Faserstoffhersteller. Chem . engng. News **50** (1972) 16, S 17.

Sonderfragen

Grünewald, H.: Chemie-Dokumentation in Deutschland. CZ Chemie-Technik, Heidelberg **1** (1972) 12, S. 549–551.

Loose, G.: Eine neue Dokumentation der technisch-wissenschaftlichen Literatur als Hilfe für die chemische Technik. CZ Chemie-Technik, Heidelberg **1** (1972) 12, S. 559–563.

Kulshrestha, V. K., Kolff, W. J.: Neue Membranen aus Regeneratcellulose für die künstliche Niere. Appl. Polymer. Symposia (1970) **13**, S. 297–308

FSC
www.fsc.org
MIX
Papier | Fördert gute Waldnutzung
FSC® C083411

Zeitfracht Medien GmbH
Ferdinand-Jühlke-Straße 7
99095 Erfurt, Deutschland
produktsicherheit@kolibri360.de